中等职业教育国家规划教材

全国中等职业教育教材审定委员会审定

数 控 机 床 及 应 用

（机械制造与控制专业）

第 2 版

主编　赵云龙　刘　清
参编　赵松涛　侯晓方

机 械 工 业 出 版 社

本书为中等职业教育国家规划教材，是在第 1 版的基础上，结合几年来的用户反馈、当前中等职业教育的教学需求和数控技术的发展修订而成的。针对中职教育的培养目标，本着"实际、实用、实效"的原则，努力做到通俗易懂、简单实用。全书共分八章，包括数控机床概述、计算机数控系统、数控机床的机械结构、数控机床的伺服系统、数控编程基础、数控车床编程与操作、数控铣床编程与操作、数控机床的使用与维护，既阐述基本原理，又注重理论与实际的结合；既能使学生对数控机床有全面的了解，又能突出以应用为主的特点。

本书以能力培养为主线，注重数控机床的应用，可作为中等职业学校、职业高中、技工学校的教学用书，也可作为企业培训数控机床操作人员的教材。

为便于教学，与本书配套的多媒体课件正式出版，欢迎选购。

图书在版编目（CIP）数据

数控机床及应用/赵云龙，刘清主编 .—2 版 .—北京：机械工业出版社，2008.10（2015.1重印）

中等职业教育国家规划教材 . 机械制造与控制专业

ISBN 978 - 7 - 111 - 09857 - 7

Ⅰ. 数… Ⅱ.①赵…②刘… Ⅲ. 数控机床 - 专业学校 - 教材 Ⅳ. TG659

中国版本图书馆 CIP 数据核字（2008）第 146463 号

机械工业出版社（北京市百万庄大街22号 邮政编码100037）
策划编辑：崔占军 责任编辑：张祖凤
责任校对：姜 婷 封面设计：姚 毅
责任印制：杨 曦
北京市四季青双青印刷厂印刷
2015 年 1 月第 2 版第 5 次印刷
184mm×260mm · 9.75 印张 · 223 千字
12 001 — 13 500 册
标准书号：ISBN 978-7-111-09857-7
定价：20.00 元

凡购本书，如有缺页、倒页、脱页，由本社发行部调换

电话服务　　　　　　　　　　网络服务

社服务中心：(010) 88361066
销 售 一 部：(010) 68326294　　门户网：http://www.cmpbook.com
销 售 二 部：(010) 88379649　　教材网：http://www.cmpedu.com
读者购书热线：(010) 88379203　　**封面无防伪标均为盗版**

中等职业教育国家规划教材出版说明

　　为了贯彻《中共中央国务院关于深化教育改革全面推进素质教育的决定》精神，落实《面向 21 世纪教育振兴行动计划》中提出的职业教育课程改革和教材建设规划，根据教育部关于《中等职业教育国家规划教材申报、立项及管理意见》（教职成〔2001〕1 号）的精神，我们组织力量对实现中等职业教育培养目标和保证基本教学规格起保障作用的德育课程、文化基础课程、专业技术基础课程和 80 个重点建设专业主干课程的教材进行了规划和编写，从 2001 年秋季开学起，国家规划教材将陆续提供给各类中等职业学校选用。

　　国家规划教材是根据教育部最新颁布的德育课程、文化基础课程、专业技术基础课程和 80 个重点建设专业主干课程的教学大纲（课程教学基本要求）编写，并经全国中等职业教育教材审定委员会审定。新教材全面贯彻素质教育思想，从社会发展对高素质劳动者和中初级专门人才需要的实际出发，注重对学生的创新精神和实践能力的培养。新教材在理论体系、组织结构和阐述方法等方面均作了一些新的尝试。新教材实行一纲多本，努力为教材选用提供比较和选择，满足不同学制、不同专业和不同办学条件的教学需要。

　　希望各地、各部门积极推广和选用国家规划教材，并在使用过程中，注意总结经验，及时提出修改意见和建议，使之不断完善和提高。

教育部职业教育与成人教育司

第 2 版前言

为了适应职业教育教学改革的要求，机械工业出版社组织了中等职业教育国家规划教材的修订工作。本次修订既力求反映当今高新技术的迅速发展，也正视了中职生源的特点。本书理论浅，内容新，应用多，学得活。本书修订时，在原书的基础上大大降低了理论深度，加强了技能实践环节，减少了篇幅。

全书从数控机床的基本知识到数控机床的应用，从数控加工的准备知识到数控机床的程序编制，都贯穿能力培养的主线。通过本课的学习，学生可以掌握对工件的工艺分析、工艺划分、机床和刀具的选用、加工用量的选择、程序的编制和调试和加工参数的设置等知识和技能。

本书由陕西工业职业技术学院赵云龙、刘清任主编。参加本书编写的有：赵云龙（第一、八章）、四川工程技术学院赵松涛（第二、六章）、西安机电学校侯晓方（第三、五章）、刘清（第四、七章）。

限于编者的水平和经验，书中欠妥和错误之处在所难免，请读者不吝赐教。

编　者
2008 年 12 月

第1版前言

本书是根据机械工业发展中心及机械制造与控制专业教学指导委员会组织编写、教育部审定的教学大纲编写的机械制造与控制专业教材，为中等职业教育国家规划教材。

随着科学技术与经济的不断发展，数控机床的应用日益普及，数控加工岗位也急需大量既懂数控机床工作原理、又熟悉数控机床编程及实际操作的专门化人才。针对中职教育的培养目标，本着讲究"实际、实用、实效"的原则，努力做到"通俗易懂、简单实用"。本书编写的指导思想是既阐述基本原理，又注重理论与实际相结合；既突出以应用为主的特点，又能使学生对数控机床有全面的了解。全书从数控机床的基本知识到数控机床的应用，从数控加工的准备知识到数控机床的程序编制，都贯穿能力培养的主线。可以使学生掌握从对工件的工艺分析、工序划分、机床及刀具的选用、加工用量的选择到加工程序的编制、加工程序的调试及加工参数的设置等全部知识。同时配合实验及实训环节使学生掌握常用数控机床（如数控车床、数控铣床等）的实际操作技能。

本书由陕西工业职业技术学院赵云龙副教授主编，第一、八章由赵云龙编写，第二、六章由四川工程技术学院赵松涛编写，第三、五章由西安机电学校侯晓方编写，第四、七章由陕西工业职业技术学院刘清编写。全书由陕西工业职业技术学院夏粉玲主审。

本书在审稿过程中，得到了河北机电学校的大力支持，陕西工业职业技术学院张普礼、沈阳机电工业学校李超对本书提出了许多宝贵意见，在此一并表示衷心的感谢。

限于编者的水平和经验，书中欠妥和错误之处在所难免，恳请读者不吝赐教。

编　者
2001 年 7 月

目　录

第 2 版前言
第 1 版前言

第一章　数控机床概述 …………… *1*
 第一节　数控机床的产生和发展过程 … *1*
 第二节　数控机床的组成、工作原理和
   特点 ………………………… *3*
 第三节　数控机床的分类 …………… *6*
 第四节　数控机床的发展趋势 ……… *9*
 习题与思考题 ……………………… *11*

第二章　计算机数控系统 ………… *12*
 第一节　概述 ……………………… *12*
 第二节　CNC 装置的软件结构 …… *16*
 第三节　CNC 系统的硬件结构 …… *20*
 第四节　插补原理 ………………… *24*
 习题与思考题 ……………………… *28*

第三章　数控机床的机械结构 …… *29*
 第一节　数控机床机械结构的特点 … *29*
 第二节　数控机床主传动系统 ……… *30*
 第三节　数控机床进给系统简介 …… *35*
 第四节　自动换刀装置 …………… *43*
 习题与思考题 ……………………… *46*

第四章　数控机床的伺服系统 …… *48*
 第一节　概述 ……………………… *48*
 第二节　常用伺服执行元件 ……… *52*
 第三节　检测元件 ………………… *56*
 习题与思考题 ……………………… *59*

第五章　数控编程基础 …………… *60*
 第一节　数控编程概述 …………… *60*

 第二节　数控机床的坐标系 ……… *64*
 第三节　工件装夹方法及对刀点、换刀
   点的确定 ………………… *66*
 第四节　工序的划分及走刀路线的确定 … *67*
 第五节　刀具和切削用量的选择 …… *70*
 第六节　数控加工工艺文件 ……… *73*
 第七节　程序编制中的数值计算 …… *75*
 第八节　自动编程简介 …………… *78*
 习题与思考题 ……………………… *80*

第六章　数控车床编程与操作 …… *81*
 第一节　数控车床的组成及主要技术
   规格 ……………………… *81*
 第二节　数控车床的编程特点和基础 … *84*
 第三节　数控车床编程方法 ……… *88*
 第四节　数控车床编程举例 ……… *101*
 习题与思考题 ……………………… *107*

第七章　数控铣床编程与操作 …… *108*
 第一节　数控铣床的组成及主要技术
   规格 ……………………… *108*
 第二节　数控铣床的程序编制 …… *112*
 第三节　数控铣床程序编制实例 …… *128*
 习题与思考题 ……………………… *131*

第八章　数控机床的使用与维护 … *133*
 第一节　数控机床的选择 ………… *133*
 第二节　数控机床的安装、调试与验收 … *138*
 第三节　数控机床的维护与保养 …… *147*
 习题与思考题 ……………………… *148*

参考文献 ………………………… *149*

第一章 数控机床概述

第一节 数控机床的产生和发展过程

一、数控机床的产生

20 世纪中叶，由于军事工业发展的需要，美国麻省理工学院和帕森斯公司在美空军后勤部的资助下，于 1952 年 3 月研制成功世界上第一台有信息存储和处理功能的新型机床，即数控机床（三坐标立式数控铣床）。数控技术及数控机床的诞生，标志着生产和控制领域一个崭新时代的到来。

科学技术和社会生产力的迅速发展，对机械产品的质量和生产率提出了越来越高的要求。机械加工工艺过程的自动化成为实现上述要求的最重要措施之一。它不仅能够提高产品质量，提高生产率，降低生产成本，还能极大地改善生产者的劳动条件。

许多企业，诸如汽车、拖拉机、家用电器等制造厂，在大批量的生产条件下，广泛采用自动机床、组合机床和以专用机床为主体的自动生产线，取得了很高的生产效率和十分显著的经济效益。但是，在机械制造工业中并不是所有的产品都具有很大的批量，单件与小批生产的工件仍占机械加工总量的 80% 左右。尤其是航空、航天、船舶、机床、重型机械、食品加工机械、包装机械和军工等产品，不仅加工批量小，而且所加工工件形状比较复杂，精度要求也很高，还需要经常改型。如果仍采用专用化程度很高的自动化机床加工这类产品的工件就显得很不合理。对于专用生产线，经常进行改装和调整，不仅会大大提高产品的成本，甚至也不能满足加工要求。由于"刚性"的大量生产方式使产品的改型和更新变得十分困难，而人们又认识到，用户所得到的价格相对低廉的产品是以牺牲产品的某些性能为代价的。因此，为了保持企业产品的市场份额，即使是大量生产的企业也必须改变产品长期一成不变的传统做法。这样，"刚性"的自动化生产方式即使是在批量生产中也已日益显露其不适应性。

数控机床的产生极其有效地解决了这一系列问题，使多品位、小批量的自动化生产成为可能，为精度高、形状复杂的工件及单件、小批量加工提供了自动化加工手段。

数控机床的工作过程是对加工工件的几何信息和工艺信息进行数字化处理，即将所有的操作步骤（如机床的起动或停止、主轴的变速、工件的夹紧或松开、刀具的选择和交换、切削液的开或关等）和刀具与工件之间的相对位移，以及进给速度等用数字化的代码表示。在加工前由编程人员按规定的代码将工件的图样编制成程序，然后通过程序载体（穿孔带、磁存储器和半导体存储器等）或手工输入（MDI）方式将数字信息送入数控系统的计算机中进行寄存、运算和处理，最后通过驱动电路由伺服装置控制机床实现自动加工。数控机床的最大特点是当改变加工工件时，只需要向数控系统输入新的加工程序，而不需要对机床进行人工调整或直接参与操作，就可以自动完成整个加工过程。

二、数控机床的发展过程

第一台数控机床的出现引起了世界各国的关注。大家一致认为，它的出现不仅解决了复杂曲线与型面的加工问题，而且指出了今后机床自动化的方向，因此世界各国纷纷投入数控机床及其相关技术的研究。经过半个世纪的研究发展，到现在数控机床已是集现代机械制造技术、计算机技术、通信技术、控制技术、液压气动技术及光电技术为一体的，具有高精度、高效率、高自动化和高柔性等特点的机械自动化设备。其品种不仅覆盖了全部传统的切削加工机床，而且推广到了锻压机床、电加工机床、焊接机、测量机等各个方面，在各个加工行业中得到了广泛的应用。

下面将数控机床相关技术的发展作一简述。

1. 数控系统

数控系统的发展直接影响数控机床的应用和发展。数控系统的发展经历了五次更新换代。

第一代数控系统采用电子管元件，体积大、可靠性低、价格高，因此主要用于军工生产，没有得到推广。

第二代是 1958 年出现的由晶体管和印制电路板组成的数控系统，可靠性有所提高，体积大为缩小，但可靠性还是低，得不到广大用户的认可。

第三代是 1965 年面世的商品化的集成电路数控系统，它不仅大大缩小了数控系统的体积，其可靠性也得到了实质性的提高，成为一般用户能够接受的数控系统。

以上三代数控系统属于专用计算机，主要靠硬件来实现各种控制功能，所以称为数字控制系统，简称 NC 系统。

1970 年，小型计算机在数控系统中得到了应用，称之为第四代数控系统。1975 年，微处理器的应用使之成为第五代数控系统。

因为计算机应用于数控系统，所以称第四、五代数控系统为计算机数字控制系统，简称 CNC 系统。由于计算机的应用，很多控制功能可以利用软件来实现，因而数控系统的性能大大提高，而价格却有较大幅度的下降。同时，可靠性和自动化程度有了大幅度的提高，数控机床也得到了飞速发展。

2. 伺服驱动系统

伺服驱动系统的性能直接影响数控机床的精度和进给速度，是数控机床的一个很重要的环节。伺服驱动系统的发展经历了电→液→电三个阶段。

第一阶段采用普通直流电动机作为执行元件，利用电轴的办法进行控制。由于普通直流电动机的低速性能差，灵敏度低，这种伺服驱动系统很快就被淘汰了。

第二阶段以液动机代替直流电动机作为执行元件。这在第一台数控机床出现后，就已经开始研制，但直到 20 世纪 60 年代初才全面取代了直流电动机。日本使用的是电液脉冲马达，西欧、美国则多采用电液伺服阀加上液动机。采用液压驱动后，控制性能有了很大提高，但寿命短、成本高、功率消耗大是其致命的缺点。

到 20 世纪 60 年代末期，伺服驱动系统迎来了发展的第三阶段。研制成功了由伺服单元、直流进给伺服电动机和反馈元件组成的进给伺服系统。因其性能完全能满足数控机床的要求、寿命长、可靠性好，伺服驱动系统很快就取代了液压伺服系统。

近年来又出现了数字化交流伺服电动机，其性能和可靠性又优于直流伺服电动机。

3. 主轴伺服驱动

最早的数控机床的主轴是不受控制的，随着数控机床的发展，要求对主轴进行控制。例如加工中心的出现，就要求控制主轴的起动、停止、正反转和主轴的转速；为了加工螺纹，就要求主轴的回转与 z 轴联动。因此出现了直流主轴伺服电动机。近年来又被交流主轴伺服电动机所取代。随着对主轴转速要求的不断的提高，出现了电动机内装式主轴，即用主轴作为电动机轴，电动机的转子安装在主轴上，定子安装在套筒内，这样就不需要齿轮传动，转速可达每分钟几万到十几万转。

以上所述为数控机床主要组成部分的发展概况。其他相关技术，例如程序载体和输入装置、自动监控技术也得到很大的发展，机床本身的结构设计及其新零配件的使用等也在不断地发展。

三、我国数控机床的发展简介

我国从 1958 年开始研制数控机床，1975 年研制出第一台加工中心。改革开放以来，由于引进国外的数控系统与伺服系统，使我国的数控机床在品种、数量和质量方面都得到迅速发展。从 1986 年开始，我国数控机床开始进入国际市场。目前，我国有几十家机床厂能够生产数控机床和加工中心。我国经济型数控机床的研究、生产和推广工作取得了很大进展，对机床技术改造起到了积极的推动作用。

数控技术不仅用于数控机床的控制，还用于控制其他机械设备，例如数控线切割机、自动绘图机、数控测量机、数控编织机、数控剪裁机、机器人等。

目前，在数控技术领域，我国同先进工业国家之间还存在着不小的差距，但这种差距正在逐步缩小。随着我国国民经济的迅速发展、企业设备改造和技术更新的深入开展，各行业对数控机床的需求量将大幅度增加，这将有力地促进数控机床的发展。

我国目前的主要数控系统生产厂家有：

1）北京航天机床数控系统集团公司。

2）武汉华中数控系统有限公司。

3）沈阳数字控制股份有限公司。

4）南京新方达数控有限公司。

第二节　数控机床的组成、工作原理和特点

一、数控机床的组成及工作原理

数控机床通常由以下几部分组成，其原理框图如图 1-1 所示。

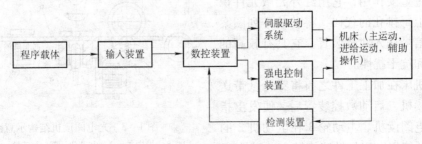

图 1-1　数控机床的组成

1. 程序载体

对数控机床进行控制，首先必须在人与机床之间建立某种联系，这种联系的中间媒介物称为程序载体（或称控制介质）。程序载体上存储着工件所需要的全部几何信息和工艺信息。这些信息是在对工件进行工艺分析的基础上确定的，它包括工件在机床坐标系内的相对位置、刀具与工件相对运动参数、工件加工的工艺路线和顺序、主运动和进给运动的工艺参数以及各种辅助操作。用标准代码（由字母、数字和符号构成）将这些信息按规定的格式编制成工件的加工程序单，再按程序单制作穿孔纸带、磁带等多种程序载体，也常用手工直接输入方式将程序输入到数控系统中。编程工作可以由人工进行，也可以由计算机辅助编程系统完成。

最早使用的程序载体是穿孔纸带，常用的是单位标准穿孔带，它可以由各种颜色的纸带、塑料带或金属带制成。穿孔带的尺寸和孔的排列如图 1－2 所示。每行共有九个孔，其中直径 φ1.17mm 的小孔为同步孔。信息以代码的形式按规定的格式存储在穿孔带上。实际上，代码就是由一些小孔按一定规律排列的二进制图案，每一行代码分别表示一个十进制的数字、字母或符号。国际上通用 EIA 代码和 ISO 代码，目前我国统一使用 ISO 代码。

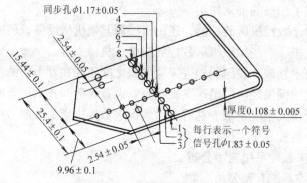

图 1－2　八单位标准穿孔带

2. 输入装置

输入装置的作用是将程序载体上的数控代码信息转换成相应的电脉冲信号传送至数控装置的内存储器。输入装置最早使用光电阅读机，以后大量使用磁记录原理的磁带机和软盘驱动器。还可以通过数控装置控制面板上的输入键，按工件的程序清单用手工方式直接输入内存储器（MDI 方式），也可以用通信方式由计算机直接传送给数控装置。

光电阅读机（见图 1－3）曾经在程序输入中发挥过重要作用，它用红外光敏元件识别穿孔带上每排孔的代码，将孔的排列图案转换为电信号送入数控装置。它具有较高的阅读速度和抗干扰性。

数控机床在加工工件之前将穿孔纸带送入光电阅读机，启动数控装置后，便发出指令启动光电阅读机。主动轮 3 在电动机 2 的驱动下，始终以一定的转速旋转，电磁铁 12 吸合衔铁 11，使压轮 13 把穿孔带压向主动

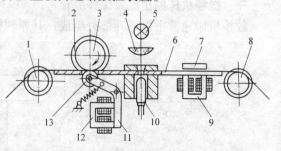

图 1－3　光电阅读机结构示意图

1、8—导向轮　2—电动机　3—主动轮　4—透镜
5—光源　6—穿孔带　7、11—衔铁
9、12—电磁铁　10—光敏元件　13—压轮

轮 3，穿孔带被带动从光源 5、透镜 4 和 9 只光敏元件 10 之间通过，穿孔带上的代码被转换成相应的电脉冲信号，经放大与整形，输入数控装置译码和寄存。当穿孔带上出现程序段的结束代码（通常用 NL 或 LF）时，制动电磁铁 9 将衔铁 7 吸合（启动电磁铁 12 复位），将穿孔带夹住并停止送带。

3. 数控系统

数控系统是数控机床的关键环节。输入装置送来的电脉冲信号，通过数控系统的逻辑电路或计算机数控系统软件进行译码和寄存。这些指令和数据将作为控制与运算的原始依据。数控系统的控制器接受相应的指令对有关数据进行运算和处理，输出各种信息和指令，控制机床各部分按程序要求实现某一操作。这些电信号中最基本的是将与各坐标轴位移量相对应的电脉冲数，经驱动电路送至伺服控制系统，使各坐标轴完成刀具相对工件的进给运动。

4. 强电控制装置

强电控制装置的主要功能是接受数控装置控制的内置式可编程控制器（PLC）输出的主轴变速、换向、起动或停止，刀具的选择和更换，分度工作台的转位和锁紧，工件的夹紧或松开，切削液的开或关等辅助操作的信号，经功率放大直接驱动相应的执行元件，诸如接触器、电磁阀等，从而实现数控机床在加工过程中的全部自动操作。

5. 伺服控制系统

伺服控制系统接受来自数控系统的位置控制信息，将其转换成相应坐标轴的进给运动和精确的定位运动。由于伺服控制系统是数控机床的最后控制环节，它的伺服精度和动态响应特性将直接影响数控机床的生产率、加工精度以及表面加工质量。

目前，常用的伺服驱动器件有功率步进电动机、直流伺服电动机和交流伺服电动机等。由于交流伺服电动机具有良好的性能价格比，正逐渐成为首选的伺服驱动器件。除了三大类电动机以外，伺服控制系统还必须包括相应的驱动电路。

6. 检测装置

在半闭环和闭环伺服控制装置中，使用位置检测装置间接或直接测量执行部件的实际进给位移，并与指令位移进行比较，按闭环原理，将其误差转换放大后控制执行部件的进给运动。常用的位移检测元件有脉冲编码器、旋转变压器、感应同步器、光栅及磁栅等。

7. 机床

数控机床是高精度、高生产率的自动化加工机床。与传统的普通机床相比，数控机床在整体布局、外部造型、主传动系统、进给传动系统、刀具系统、支承系统和排屑系统等方面有很大的差异。这些差异能更好地满足数控技术的要求，并充分适应数控加工的特点。通常对机床的精度、静刚度、动刚度和热刚度等提出了更高的要求，而传动链则要求尽可能的简单。

二、数控机床的特点

1. 适应性强，可以完成不同工件的自动加工

数控机床是按照被加工工件的加工程序来进行自动加工的，当加工工件改变时，只需要改变加工程序就可以完成工件的加工。因此，生产准备周期短，有利于机械产品的更新换代。

2. 加工精度高，尺寸一致性好

数控机床具有很高的刚度和热稳定性，其本身精度比较高（一般数控机床的定位精度

可达±0.01mm，重复定位精度可达±0.005mm），还可以利用软件进行精度校正和补偿。同时，在加工过程中工人不参与操作，工件的加工精度全部由数控机床保证，消除了操作者的人为误差。因此，不但加工精度高，而且尺寸一致性好，加工质量稳定。

3. 生产效率高

数控机床的主轴转速、进给速度和快速定位速度高，合理地选择高的切削参数，可以充分发挥刀具的性能，减少切削时间。同时，可以自动完成一些辅助动作，精度高且稳定，不需要在加工过程中进行中间测量，连续完成整个加工过程，减少辅助动作时间和停机时间。因此，数控机床的生产效率高。

4. 减轻劳动强度、改善劳动条件

数控机床是自动进行加工的，工件的加工过程不需要人的干预，工人只需要进行装夹工件、起动机床等操作，加工结束自动停车。这样就大大减轻了工人的劳动强度，改善了劳动条件。

5. 良好的经济效益

虽然数控机床一次性投资及日常维修保养费用较普通机床高，但是如能充分发挥数控机床的能力，将会带来良好的经济效益。这些效益不仅表现在生产效率高、加工质量好、废品率低上，还表现在减少工装和量刃具、缩短生产周期、减少在制品数量、缩短新产品试制周期等方面。因此，使用数控机床能带来良好的经济效益。

第三节 数控机床的分类

数控机床有许多分类方法，但通常按以下最基本的三个方面进行分类：

一、按工艺用途分类

1. 一般数控机床

按工艺用途分类，它和普通机床的分类方法相似，可分为数控车床、数控钻床、数控铣床、数控镗床、数控磨床和数控齿轮加工机床等。它们和普通机床的工艺用途相似，但生产率和自动化程度比普通机床高，都适合加工单件、小批量、多品种和复杂形状的工件。

2. 数控加工中心

这类数控机床是在一般数控机床上加装一个刀库和自动换刀装置，构成一种带自动换刀装置的数控机床。在一次装夹后，可以对工件的大部分表面进行加工，而且具有两种以上的切削功能。例如以钻削为主兼顾铣、镗的数控机床，称为钻削中心；以车削为主兼顾铣、钻的数控机床，称为车削中心；集铣、钻、镗所有功能于一体的数控机床，称为加工中心。

3. 多坐标数控机床

有些复杂形状的零件，用三坐标的数控机床还是无法加工，如螺旋桨、飞机机翼曲面及其他复杂零件的加工等，都需要三个以上坐标的合成运动才能加工出所需的形状，于是出现了多坐标数控机床。多坐标数控机床的特点是数控装置控制的轴数较多，机床结构也比较复杂，坐标轴数的多少通常取决于加工零件的复杂程度和工艺要求。数控机床的可控轴数是指机床数控装置能够控制的坐标数目，即数控机床有几个运动方向采用了数字控制。国外最高级数控装置的可控轴数已达到24轴，我国目前高级数控装置的可控轴数为6轴。数控机床的联动轴数，是指机床数控装置控制的坐标轴同时达到空间某一点的坐标数目。目前有两轴联动、三轴联动、四轴联动、五轴联动等。

4. 数控特种加工机床

如数控线切割机床、数控电火花加工机床、数控激光切割机床等，均属于数控特种加工机床。

数控机床至少有 16 大类：数控车床（含有铣削功能的车削中心）；数控铣床（含铣削中心）；数控镗床；以铣镗削为主的加工中心；数控磨床（含磨削中心）；数控钻床（含钻削中心）；数控拉床；数控刨床；数控切断机床；数控齿轮加工机床；柔性加工单元（FMC）；柔性制造系统（FMS）；数控电火花加工机床（含电加工中心）；数控板材成形加工机床；数控管料成形加工机床；其他数控机床。

二、按控制运动轨迹分类

1. 点位控制数控机床

点位控制数控机床的特点是机床的运动部件只能够实现从一个位置到另一个位置的精确运动，在运动和定位过程中不进行任何加工工序。数控系统只需要控制行程起点和终点的坐标值，而不控制运动部件的运动轨迹。多用于数控钻床、数控镗床、数控电焊机等。图1-4所示为点位控制加工示意图。

2. 直线控制数控机床

直线控制数控机床的特点是机床的运动部件不仅能实现一个坐标位置到另一坐标位置的精确移动和定位，而且能实现平行于坐标轴的直线进给运动或控制两个坐标轴实现斜线的进给运动。用于数控镗床可以在一次安装中对棱柱形工件的平面与台阶进行加工，然后进行点位控制的钻孔、镗孔加工，有效提高了加工精度和生产率。直线控制还可以用于加工阶梯轴或盘类工件的数控车床。图 1-5 所示是直线控制加工示意图。

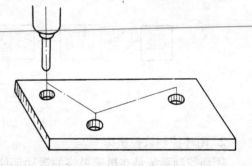

3. 轮廓控制数控机床

轮廓控制（又称连续控制）数控机床的特点是机床的运动部件能够实现两个或两个以上的坐标轴同时进行联动控制。

图 1-4　点位控制加工示意图

它不仅要控制机床运动部件的起点与终点坐标位置，而且要控制整个加工过程每一点的速度和位移量，即要控制运动轨迹，用于加工平面内的直线、曲线表面或空间曲面。轮廓控制多用于数控铣床、数控车床、数控磨床和各类数控切割机床，取代了所有类型的仿形加工机床，提高了加工精度和生产率，并极大地缩短了生产准备时间。图1-6所示是轮廓控制加工示意图。

三、按控制方式分类

1. 开环控制数控机床

开环控制系统的特点是系统只按照数控装置的指令脉冲进行工作，而对执行的结果，即移动部件的实际位移不进行检测和反馈。

图 1-7 所示是典型的开环控制系统原理图。步进电动机作为驱动元件，数控装置发出指令脉冲，通过环形分配器和功率放大器驱动步进电动机。每一个指令脉冲使步进电动机转一个角度，此角度叫做步进电动机的步距角。齿轮箱、滚珠丝杠传动使工作台产生一定位

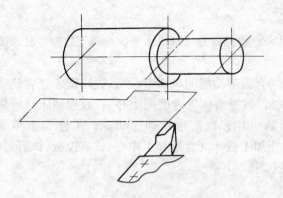

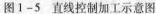

图 1-5 直线控制加工示意图

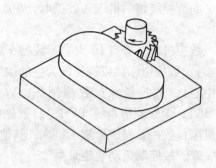

图 1-6 轮廓控制加工示意图

移，步进电动机转一个步距角使工作台产生的位移量，即是数控装置发出一个指令脉冲而使移动部件产生的相应位移量，通常称为脉冲当量。因此，工作台的位移量与数控装置发出的指令脉冲成正比，移动的速度与脉冲的频率成正比。改变指令脉冲的数目和频率，即可控制工作台的位移量和速度。这种系统结构简单、调试方便、价格低廉、易于维修，但机床的位置精度完全取决于步进电动机的步距角精度和机械部分的传动精度，所以很难得到较高的位置精度。目前，开环控制系统多用于经济型数控机床上。

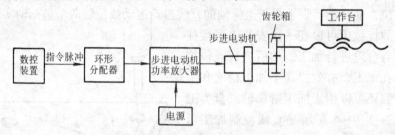

图 1-7 开环控制系统原理图

2. 闭环控制数控机床

闭环控制系统是在机床最终的运动部件的相应位置安装直线位置检测位置，当数控装置发出位移指令脉冲，经过伺服电动机、机械传动装置驱动运动部件移动时，直线位置检测装置将检测所得位移量反馈给数控装置的比较器，与输入指令进行比较，用差值控制运动部件，使运动部件严格按实际需要的位移量运动。图 1-8 所示为闭环控制系统原理图。

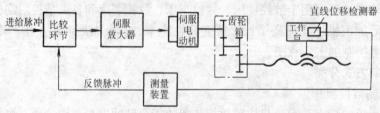

图 1-8 闭环控制系统原理图

闭环控制系统的特点是加工精度高、移动速度快。但是机械传动装置的刚度、摩擦阻尼特性、反向间隙等非线性因素，对系统的稳定性有很大影响，造成闭环控制系统安装调试比较复杂。且直线位移检测装置造价较高，因此闭环控制系统多用于高精度数控机床和大型数控机床。

3. 半闭环控制数控机床

半闭环控制系统是在开环控制伺服电动机轴上装有角位移检测装置，通过检测伺服电动机的转角间接地检测出运动部件的位移（或角位移），并反馈给数控装置的比较器，与输入指令进行比较，用差值控制运动部件。由于半闭环控制的运动部件的机械传动链不包括在闭环之内，机械传动链的误差无法得到校正或消除。惯性较大的机床运动部件不包括在闭环之内，控制系统的调试十分方便，并具有良好的系统稳定性。同时，由于目前广泛采用的滚珠丝杠螺母机构具有良好的精度和精度保持性，且采取了可靠的消除反向运动间隙的结构，因此，在一般情况下，半闭环控制正成为首选的控制方式被广泛采用。图 1-9 所示为半闭环控制系统原理图。

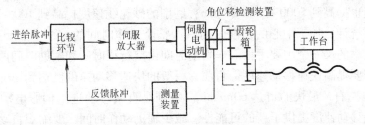

图 1-9 半闭环控制系统原理图

第四节 数控机床的发展趋势

数控机床是综合应用现代最新科技成果发展起来的新型机械加工设备。半个世纪以来，数控机床在品种、数量、加工范围与加工精度等方面有了很大的发展，大规模集成电路和微型计算机的发展和完善，使数控系统的价格逐年下降，而精度和可靠性却大大提高。

近年来，随着电子技术、计算机技术、信息技术以及激光技术的发展并应用于数控机床领域，数控机床的发展进入了一个崭新的时代。数控机床正朝着高精度、高速度、高自动化、高复合化、计算机直接数字控制及柔性制造方面发展。

一、数控机床的发展趋势

目前，数控机床的品种、规格很多，几乎所有的机床均有数控化的品种，其精度、生产效率和自动化程度均已发展到相当高的水平。随着一些相关技术的发展，例如刀具新材料和超高速切削理论的出现、主轴伺服和进给伺服技术的发展以及用户对生产效率和精度要求的日益提高，数控机床的发展更加迅速了。

1. 高精度化

数控机床的精度包括机床的几何精度和加工精度，而高的几何精度是提高加工精度的基础。

几何精度中最重要的是定位精度。到 20 世纪 80 年代末期，国外一般的加工中心的全程定位精度已达到 ±0.005 ~ ±0.008mm。90 年代初中期全程定位精度达到 ±0.002 ~ ±0.005mm 的加工中心已越来越多。定位精度、机床的结构特性以及热稳定性的提高，使得数控机床加工精度得到了大幅度的提高。例如加工中心的加工精度从过去的 ±0.01mm 提高到了 ±0.005mm，个别的已达到 ±0.0015mm。

纳米技术的应用，使得数控机床的精度又发生了一次革命。从 2001 年 4 月的第七届中国国际机床展览会上可以看到，纳米级超精密数控机床的反馈系统分辨率为 2.5nm，机械进给系统可实现 5nm 的微小移动，主轴的回转精度为 $0.03\mu m$，粗糙度 $R_a < 0.008\mu m$。

2. 高速化

提高生产效率一直是机床技术发展的基本目标，数控机床出现和快速发展的原因之一就是其生产效率比一般普通机床高。近 10 年来，数控机床的生产效率又提高了很多，主要方法是减少切削时间和非切削时间。

减少切削时间是通过提高切削速度，即提高主轴转速来实现的。加工中心的主轴转速已从 10 年前的 4000~6000r/min 提高到 8000~12000r/min，最高的在 100000r/min 以上，数控车床的主轴转速也提高到 5000~20000r/min；磨削的砂轮线速度提高到 100~200m/s。

据最新资料统计，加工中心的切削时间只占整个工作时间的 55%，因此减少非切削时间是提高生产效率的又一个主要手段。非切削时间由空行程时间和辅助时间两部分组成。缩短空行程时间需要提高快速移动速度。目前，一般的快速移动速度已达到 20~24m/min，个别的为 30m/min 左右，最快的可达 60m/min。特别是直线移动进给伺服电动机的出现，为进一步提高快速移动速度提供了新的可能性。减少辅助动作时间需要缩短自动换刀时间和自动交换工件时间。目前，数控车床刀架的转位时间已达到 0.4~0.6s，加工中心的自动换刀时间已达到 3s 左右，甚至换刀过程可在 1s 以内完成。而加工中心托板交换时间已从过去的 12~20s 缩短到了 6~10s，有些已达到 2.5s。

3. 高自动化

数控装置发展到以微处理器为主体组成的 CNC 系统以后，系统功能不断扩大，数控机床的自动化程度也不断提高。除了自动换刀和自动交换工件以外，先后出现了刀具寿命管理、自动更换备用刀具、刀具尺寸自动测量和补偿、工件尺寸自动测量及补偿、切削参数的自动调整等功能，单机自动化达到了很高的程度。刀具破损和磨损的监控功能也在不断地完善。

4. 高复合化

所谓复合化，就是把不同类型机床的功能集中于一台机床上，其典型代表就是加工中心，它集钻、铣、镗床的功能于一身，可以完成钻、铣、镗、扩孔、铰孔、攻螺纹等工作。近年来，又出现了复合化程度更高的数控机床，例如在加工中心上增加了车削和磨削功能。由于这种机床不仅能保证更高的加工精度，还可以大大提高生产效率、节省占地面积、节约投资，因而受到广大用户的普遍欢迎。

5. 新型结构的数控机床不断出现

近年来，美国、瑞士、俄罗斯等国开发了所谓六条腿的加工中心。这类加工中心突破了原来数控机床的结构技术，采用可以伸缩的六条腿（伺服轴）支撑并联接上平台（安装主轴头）与下平台（装夹工件）的结构型式，取代传统的床身、立柱等支撑结构，是没有任何导轨和滑板的所谓的"虚轴机床"。这类数控机床具有机械结构简单化和运动轨迹计算复杂化的特征，其最显著的优点是机床的基本性能高，精度相当于坐标测量机。与传统的加工中心相比，精度高 2~10 倍，刚度高 5 倍，加工效率高 5~10 倍。

这种结构技术的发展和成熟，预示着数控机床的发展将进入一个重大变革和创新的时代。

二、自动化生产系统的发展趋势

随着单机自动化程度的不断提高，出现了由多台数控机床组成的自动化程度更高的生产系统。

1. 计算机直接数字控制系统（DNC）

计算机直接数字控制系统就是用一台通用计算机直接控制多台数控机床进行多品种、多工序的自动加工。这种方式解决了 CNC 系统存储量小的问题，同时也使从计算机辅助设计、计算机辅助工艺编制、自动程序编制到数控机床的信息的直接传递成为可能，减少了生产准备时间。

2. 柔性制造系统（FMS）

柔性制造系统是由加工设备、物流系统和信息流系统三部分组成的高度自动化和高度柔性化的制造系统，它可以实现几种、几十种甚至上百种工件的自动混流加工。

加工设备是柔性制造系统的主体，由相同的或不相同的若干台数控机床和一些辅助设备（如清洗机、测量机等）组成。

物流系统由仓储设备、搬运设备、运输小车等组成。在计算机的控制下完成工件和刀具的储存、运输及更换工作。

信息流系统由主计算机、分级计算机及其接口、外围设备和各种控制装置的硬件和软件组成。主计算机根据作业计划，通过分级计算机控制加工设备和物流系统自动进行加工，同时还要对在线测量和状态监控反馈回来的信息和数据进行处理。

3. 自动化工厂（FA）

所谓自动化工厂，实际上是制造车间的自动化。它由一台通用计算机控制车间内的几条柔性制造系统（FMS），自动加工各种工件，车间内只有几个工人负责工件的装卸。

4. 计算机集成制造系统（CIMS）

计算机集成制造系统是指用最新的计算机技术，控制从订货、设计、工艺、制造到销售的全过程，以实现信息系统一体化的高效率的柔性集成制造系统。利用计算机集成制造系统可以把企业内部的生产活动有机地联系在一起，最终实现企业内部的综合自动化。

习题与思考题

1-1　数控机床是什么样的机床？适用于什么场合？

1-2　数控机床由哪几部分组成？各有什么作用？

1-3　数控机床与普通机床相比较有何特点？

1-4　数控机床按工艺用途可分为哪些类型？各适用于什么场合？

1-5　什么是开环控制系统？它有什么优点？适用于什么场合？

1-6　什么是闭环控制系统？它有什么优点？适用于什么场合？

第二章 计算机数控系统

第一节 概　述

数控加工无需人的直接操纵，但机床必须执行人的意图。操作者首先按照加工工件图样的要求，编制加工程序，即用规定的代码和程序格式，把人的意图转变为数控机床能接受的信息。把这种信息记录在信息载体上，输送到数控系统的计算机中进行寄存、运算和处理，最后通过驱动电路由伺服装置控制机床实现自动加工。

一、CNC 系统的定义及组成

数控系统的数控装置采用 CNC 装置时，该数控系统称作 CNC 系统。CNC 系统是数控机床的中枢，即数控机床的控制系统。CNC 系统是以加工机床为被控对象的数字控制系统，是现代机器制造系统的基础设备。

CNC 系统一般由输入/输出装置、数控装置、驱动控制装置及机床电器逻辑控制装置四部分组成，机床本体为被控对象，如图 2-1 所示。

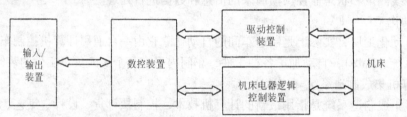

图 2-1　数控系统组成的一般形式

CNC 系统是严格按照外部输入的程序对工件进行自动加工的。一般将描述机床加工过程的程序称为数控加工程序，它用字母、数字和功能符号按编码指令规定编制的程序（不同的数控系统其编码指令规定有所不同）。数控加工程序按工件加工顺序记载机床加工所需的各种信息，包括工件加工的轨迹信息、工艺信息及开关命令等。加工程序常常记录在穿孔纸带、磁带、磁盘等各种信息载体上，通过输入装置被数控装置所接收。

输入装置将数控加工程序等各种信息输入数控装置，输入内容及数控系统的工作状态可以通过输出装置观察。常用的输入/输出装置有纸带阅读机、盒式磁带录音机、磁盘驱动器、手动数据输入（MDI）键盘、数码管显示器（LED）、阴极射线管显示器（CRT）及发光指示灯等。

数控装置是数控系统的核心。它的主要功能是正确识别和解释数控加工程序，对解释结果进行各种数据计算和逻辑判断处理后，将各种控制信息按两类控制量分别输出：一类是连续控制量，送往驱动控制装置；另一类是离散的开关控制量，送往机床电器逻辑控制装置。控制机床各组成部分按规定要求动作。数控装置可以是由数字逻辑电路构成的专用硬件数控装置，称作硬件数控装置（NC 装置），其数控功能由硬件逻辑电路实现；也可以是计算机数控装置（CNC 装置），其数控功能由硬件和软件共同完成。

驱动控制装置位于数控装置和机床之间，包括进给轴伺服驱动装置和主轴驱动装置。进给轴伺服驱动装置由位置控制单元、速度控制单元、电动机和测量反馈单元等部分组成，它按照数控装置发出的位置控制命令和速度控制命令正确驱动机床受控部件。主轴驱动装置主要由速度控制单元控制。电动机可以是步进电动机、直流伺服电动机或交流伺服电动机。

机床电器逻辑控制装置也位于数控装置和机床之间，接受数控装置发出的开关命令，具有机床主轴选速、起停和方向控制功能，换刀功能，工件装夹功能，冷却、液压、气动、润滑系统控制功能及其他机床辅助功能。其形式可以是继电器控制线路或可编程序控制器（PLC）。

根据不同的加工方式，机床本体可以是车床、铣床、钻床、镗床、磨床、加工中心及电加工机床等。与普通机床相比，数控机床本体的外部造型、整体布局、传动系统、刀具系统及操作机构等方面都应该符合数控加工的要求。

目前，在市场上以 NC 装置为核心的硬件数控系统日益减少，取而代之的是以 CNC 装置为核心的 CNC 系统，且绝大多数 CNC 装置都采用微型计算机数控装置（MNC）。

CNC 装置由硬件和软件共同完成数控任务，因此，其组成形式更加灵活。其基本组成可以图 2-2 所示的数控装置为例。

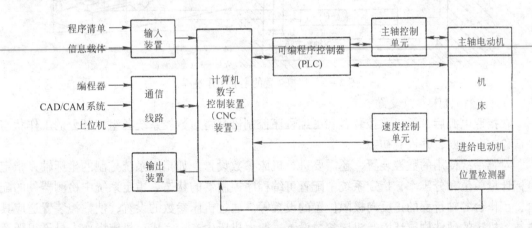

图 2-2　计算机数控装置的组成

它具有一般数控装置组成形式的各个部分。此外，现代数控装置不仅能通过读取信息载体方式，还可以通过其他方式获得数控加工程序。如通过键盘方式输入和编辑数控加工程序，通过通信方式输入其他计算机程序编辑器、自动编程器或上位机所提供的数控加工程序。高档的数控装置本身已包含一套自动编程系统，只需用键盘输入相应的信息（加工原点数据和刀补数据），数控装置本身就能自动生成数控加工程序。

微机数控装置在软件作用下，可以实现各种硬件数控装置所不能完成的功能，如图形显示、系统诊断、各种复杂轨迹控制算法和补偿算法的实现、智能控制的实现、通信及联网功能等。

现代数控系统采用可编程序控制器（PLC）取代了传统的机床电器逻辑控制装置，即继电器控制线路，用 PLC 控制程序实现数控机床的各种继电器控制逻辑。PLC 可位于数控装置之外，称作独立型 PLC；也可以与数控装置合为一体，称作内装型 PLC。

二、数控装置的主要工作过程

数控装置的主要任务是控制刀具和工件之间的相对运动，图 2 - 3 描述了数控装置的主要工作过程。

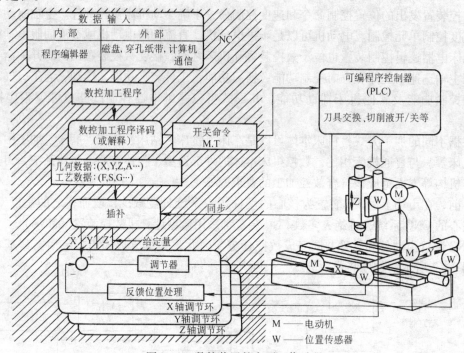

图 2 - 3　数控装置的主要工作过程

1. 自检和机床参数设置

在接通电源后，微机数控装置和可编程序控制器都将对数控系统各组成部分的工作状态进行检查和诊断，并设置初态。

对第一次使用的数控装置，还需要进行机床参数设置。如指定系统控制的坐标轴，指定坐标计量单位和分辨率，指定系统中配置可编程序控制器的状态，指定系统中检测器件的配置，工作台各轴行程的正反向极限位置的设置等。通过机床参数的设置，使数控装置适应具体数控机床的硬件构成环境。机床参数设置一般由机床生产厂完成，机床操作人员不得随意改动机床参数。

2. 加工控制信息的输入

当数控系统具备了正常工作的条件，便开始进行加工控制信息的输入（数控加工程序、刀补数据等）。

工件在数控机床上的加工过程由数控加工程序来描述。按管理形式不同，编程工作可以在专门的编程场所进行，也可在机床前进行。对前一种情况，数控加工程序在加工准备阶段由专门的编程系统产生，保存到控制介质（如纸带、磁带或磁盘）上，再输入数控装置，或者采用通信方式直接传输到数控装置，操作员可按需要，通过数控面板对读入的数控加工程序进行修改。对后一种情况，操作员直接利用数控装置本身的编辑器进行数控加工程序的编写和修改。

输入给数控装置的加工程序必须适应工件和刀具的实际位置，因此在加工前还要输入实际使用刀具的刀补参数及实际工件原点相对机床原点的坐标位置。

3. 加工控制信息的预处理

输入加工控制信息后，便可启动加工运行，此时，数控装置在系统控制程序作用下，对输入的加工控制信息进行预处理，即进行译码（解释）和预计算（刀补计算、坐标变换等）。

数控装置在对数控加工程序进行译码时，常将其区分为几何数据、工艺数据和开关命令。几何数据是刀具相对工件的运动路径数据，如有关 G 功能代码和坐标指定等，利用这些数据可加工出要求的工件几何形状。工艺数据是主轴转速和进给速度等功能，即 F、S 功能和部分 G 功能。开关命令是对机床电器的命令，例如主轴起/停、刀具选择和交换、切削液的起/停等辅助功能（M 功能）指令等。

由于在编写数控加工程序时，一般不考虑刀具的实际几何数据，所以，数控装置要根据工件几何数据和在加工前输入的实际刀具参数，进行相应的刀具补偿计算，简称刀补计算。具体的刀补计算有刀具长度补偿和刀具半径补偿等。在数控系统中存在着多种坐标系，对输入的实际加工原点和加工程序所采用的坐标系等几何信息，数控装置还要进行相应的坐标变换。

4. 插补计算

数控装置对加工控制信息处理完毕后，即开始逐段运行数控加工程序。

要产生的运动轨迹在几何数据中由各曲线段起、终点及其连接方式（如直线和圆弧等）等主要几何数据给出，数控装置中的插补器能根据已知的几何数据进行插补处理。所谓插补是指在已知曲线种类、起点、终点和进给速度的情况下，按照某种算法计算已知点之间的中间点的方法，又称"数据密化计算"。在数控系统中，插补具体是指根据曲线段已知的几何数据及相应工艺数据中的速度信息，计算出曲线段起、终点之间的一系列中间点，分别向各个坐标轴发出方向、大小和速度都确定的协调的运动序列命令，通过各个轴运动的合成，产生数控加工程序要求的工件轮廓的刀具运动轨迹。

5. 位置控制

由插补器向各轴发出的运动序列命令为各轴位置调节器的命令值，位置调节器将其与机床位置检测元件测得的实际位置相比较，经过调节，输出相应的位置和速度控制信号，控制各轴伺服系统驱动机床各轴运动，使刀具相对于工件正确运动，加工出要求的工件轮廓。

6. 可编程序控制器（PLC）控制

由数控装置发出的开关命令在系统程序的控制下，在各加工程序段插补处理开始前或完成后，适时输出给机床控制器。在机床控制器中，开关命令和由机床反馈的回答信号一起被处理和转换为对机床开关设备的控制命令。在现代数控系统中，多数机床控制器都采用可编程序控制器（PLC），机床控制电路都通过 PLC 中可靠的开关来实现，从而避免了相互矛盾及危险现象的出现。

7. 显示和监控

为了给机床操作人员提供方便，数控装置需把数控加工程序、加工参数、机床状态、报警信息等显示在屏幕上。在机床运行过程中，数控系统要随时监视机床的工作状态，并通过显示部件及时提供给操作者，一旦发现故障立即停机且将报警信息显示在屏幕上。此外，数控系统还要对机床操作面板进行监控，因为机床操作面板的开关状态能够影响加工状态，需及时处理有关信号。

第二节　CNC装置的软件结构

CNC装置的软件是为完成CNC系统的各项功能而设计和编制的专用软件，又称系统软件（系统程序）。现代数控机床的许多功能都是由软件来完成的，不同的系统软件可以使硬件相同的CNC装置具有不同的功能。因此，系统软件的设计及其功能是CNC系统的关键。系统软件主要由管理软件和控制软件两部分组成。管理软件用来管理数控加工程序的输入、I/O接口信息处理、显示和诊断处理及通信管理。控制软件由译码、刀具补偿、速度处理、插补模块及位置控制等模块组成，如图2-4所示。

一、CNC装置的硬、软件界面

CNC装置由硬件和软件两部分组成。由于软件和硬件在逻辑上是等价的，所以在CNC装置中，由硬件完成的工作原则上也可以由软件来完成。但硬件与软件各有不同的特点，硬件处理速度快，但造价高；软件设计灵活，适应性强，但处理速度慢。因此，不同的CNC装置，其软件和硬件的分配比例是不同的，由性能价格比决定。图2-5所示为三种典型CNC装置的软硬件界面关系。

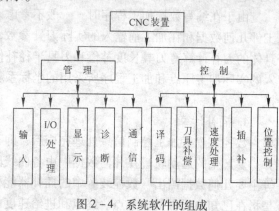

图2-4　系统软件的组成

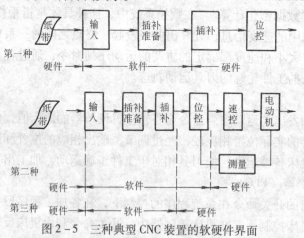

图2-5　三种典型CNC装置的软硬件界面

二、CNC装置的软件结构特点

CNC装置的软件结构，无论其硬件是单微处理器结构，还是多微处理器结构，都具有多任务并行处理和实时中断处理两个特点。

1. 多任务并行处理

如前所述，在数控加工过程中，系统软件必须完成管理和控制两个任务。在多数情况下，管理和控制的某些工作必须同时进行。例如，为使操作人员能及时地了解CNC装置的工作状态，管理软件中的显示模块必须与控制软件同时运行。又例如，为保证加工过程的连续性，即刀具在各程序段之间无停顿，译码、刀具补偿和速度处理模块必须与插补模块同时运行，而插补又必须与位置控制同时进行。

图 2-4 所示为系统软件的组成，反映了 CNC 装置的多任务性。图 2-6 所示为软件任务的并行处理关系，其中双向箭头表示两个模块之间有并行处理关系。

并行处理是指计算机在同一时刻或同一时间间隔内完成两种或两种以上性质相同或不同的工作，其优点是提高了运算速度。CNC 装置的软件主要采用"资源分时共享"和"时间重叠流水处理"两种方法来实现多任务并行处理。

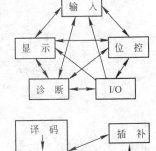

图 2-6 软件任务的并行处理

（1）资源分时共享 资源分时共享是指多个用户按时间顺序使用同一套设备。单微处理器结构的 CNC 装置就采用这种并行处理方法，利用 CPU 分时共享的原则来解决多任务的同时运行。这种方法首先要解决的是各任务占用 CPU 时间的分配原则。

图 2-7 所示是一个典型的 CNC 装置各任务分时共享 CPU 的时间分配图，各任务占用 CPU 是通过循环轮流和中断优先相结合的方法来解决的。

系统在完成初始化任务后自动地进入时间分配循环，在环中依次轮流处理各任务，而对于系统中某些实时性强的任务则按优先级排队，分别处在不同中断优先级上作为环外任务，环外任务可以随时中断环内各任务的执行。

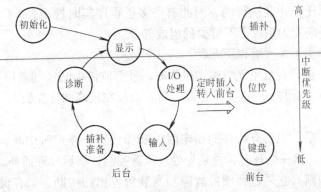

图 2-7 资源分时共享并行处理

（2）时间重叠流水处理 时间重叠流水处理是指多个处理过程在时间上互相错开，轮流使用同一套设备的几个部分。例如，当 CNC 装置在自动加工工作方式时，其数据的转换过程由工件程序输入、插补准备、插补和位置控制四个子过程组成。设每个子过程的处理时间分别为 Δt_1、Δt_2、Δt_3、Δt_4，则一个工件程序段的数据转换时间 $\Delta t = \Delta t_1 + \Delta t_2 + \Delta t_3 + \Delta t_4$，以顺序方式来处理每个工件程序段，即第一个工件程序段处理完以后再处理第二个程序段，依此类推。图 2-8a 所示为这种顺序处理的时间关系。由图可知，两个程序段的输出之间将有一个时间间隔 t。这种时间间隔反映在电动机上就是电动机的时转时停，反映在刀具上就是刀具的时走时停，这显然是加工不允许的。消除这种间隔的有效方法就是采用流水处理技术。采用流水处理技术后的时间、空间关系如图 2-8b 所示。

流水处理的关键是时间重叠，即在一段时间间隔内不是处理一个子程序，而是处理两个或更多的子程序。如图 2-8 所示，经流水处理后，每个程序段的输出之间不再有间隔，从而保证了电动机运转和刀具移动的连续性。

流水处理要求处理每个子程序所用的时间相等，但 CNC 装置中每个子过程的实际处理

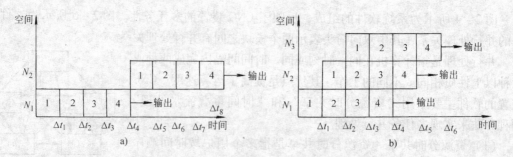

图 2 - 8　时间重叠流水处理

a) 顺序处理　b) 流水处理

时间是不相同的, 解决办法是取最长的子过程处理时间作为流水处理时间间隔, 这样对于处理时间较短的子过程, 处理完成后就进入等待状态。

2. 实时中断处理

CNC 系统软件结构的另一个特点是实时中断处理。所谓实时, 是指在一个确定的有限的时间里对外部产生的随机事件作出响应, 并在确定的中断周期内完成该响应或处理。在数控系统这样的实时控制系统中, 被控对象是一个并发活动的有机整体, 对被控对象进行控制和监视也是并发执行的, 有时它们是顺序执行的, 有时它们是周期性地以连续反复的方式执行, 有时是几个协同任务并发执行的, 因此有许多子程序实时性很强。CNC 系统的多任务性和实时性决定了中断成为系统必不可少的组成部分。

CNC 装置的中断类型主要有以下几种:

(1) 外部中断　主要有纸带光电阅读机中断、外部监控中断 (如急停)、键盘和操作面板输入中断。前两种中断的实时性要求很高, 将它们放在较高的优先级上。后两种则被放在较低的中断优先级上。

(2) 内部定时中断　主要有插补周期定时中断和位置采样定时中断, 有些系统将这两种定时中断合二为一。但在处理时, 总是先处理位置控制, 然后处理插补运算。

(3) 硬件故障中断　它是各种硬件故障检测装置发出的中断, 如存储器出错、定时器出错、插补运算超时等。

三、CNC 装置的软件结构

如前所述, CNC 装置的系统软件包括管理和控制两个部分。系统管理部分包括输入、I/O 处理、通信、显示、诊断及加工程序的编制管理等程序。系统控制部分包括译码、刀具补偿、速度处理、插补和位置控制等程序。数控系统的功能就是由硬件和上述这些功能子程序软件来实现的。功能增加, 子程序就增加。不同的系统软件结构中, 对这些子程序的安排方式和管理方式均不相同。常用的系统软件有前后台型结构和中断型结构。

1. 前后台型结构

在前后台型结构的 CNC 装置中, 整个系统软件分前台程序和后台程序两部分。前台程序是一个实时中断服务程序, 承担了几乎全部的实时功能, 实现与机床动作直接相关的功能, 如插补、位置控制、机床相关逻辑控制等, 就像前台表演的演员。后台程序完成一些实时性要求不高的功能, 如输入译码、数据处理和管理程序等, 是一个循环运行程序, 就像配合演员演出的舞台背景一样, 因此又称背景程序。

如图 2 - 7 所示, 在前后台型结构软件中, 程序一经启动, 经过一段时间的初始化程序后，便进入背景程序循环。同时开放定时中断，每隔一段时间发生一次中断，执行一次实时中断服务程序，执行完后又返回背景程序，如此循环往复，共同完成全部数控功能。这种软件结构一般适用于单微处理机集中式控制，对微处理机性能要求较高。

（1）背景程序　背景程序的主要功能是插补前的准备和各任务的管理调度。在一般情况下，CNC系统有四种工作方式：自动、单段、键盘和手动，由面板开关选择。其中自动和单段是加工时采用的方式，二者的区别在于加工完一个程序段后是否停顿。键盘方式主要处理各种键盘命令、如编辑、设定参数、输入/输出数据等。手动方式主要处理点动、机床回零等。图2-9所示是背景程序结构框图。系统启动并经初始化后，背景程序即启动，操作者通过操作面板确定了工作方式后，便进入相应的服务程序，服务程序执行完毕，又返回背景程序开始部分，如此循环往复运行。其中加工服务程序在背景程序中处于主导地位，它主要完成程序段读入、译码和数据处理等插补前的准备工作。在操作者准备工作完成后，例如调出工件加工程序（键盘服务程序）和返回机床参考点（手动操作服务程序）后，一般便进入加工方式。图2-10所示是自动加工方式程序框图，同时也反映了在正常加工状态下，背景程序的调度管理功能。启动自动方式后预先处理一个程序段，以便为正常循环中定时插入的插补中断作准备。循环停处理程序是处理各种停止状态的。在正常情况下，背景程序在1—2—3—4中循环，并允许中断程序不断插入，共同完成工件加工任务。

（2）实时中断服务程序　实时中断服务程序是系统的核心，它所完成的实时控制任务包括位置伺服、面板扫描、PLC控制、实时诊断及插补等。图2-11所示是实时中断服务程序流程图。各任务按优先级排队，按时间先后顺序执行。每个任务都有严格的时间限制，如

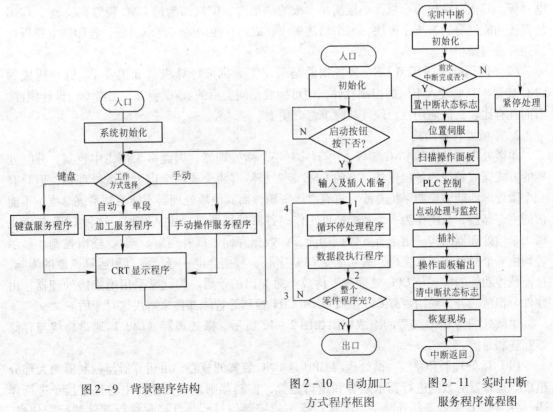

图2-9　背景程序结构　　图2-10　自动加工方式程序框图　　图2-11　实时中断服务程序流程图

果前一次中断尚未完成，又发生了新的中断，则说明发生服务重叠，系统进入急停状态。

2. 中断型结构

中断型结构的系统软件除初始化程序之外，CNC 的各种功能模块分别安排在不同级别的中断服务程序中，无前后台程序之分。但中断程序的优先级别有所不同，级别高的中断程序可以打断级别低的中断程序。各中断服务程序的优先级别与所执行任务的重要程度密切相关。系统软件本身就是一个大的多重中断系统，通过各级中断服务程序之间的通信进行管理，通过设置标志来实现各任务之间的同步和通信。并行处理中的信息交换，主要通过设立各种缓存器来实现，各缓存器的数据更新和变换靠同步信号指针来实现同步。

第三节　CNC 系统的硬件结构

现在生产和新研制的数控机床大都采用以微处理器（CPU）作为基础的微型计算机数控装置（MNC）。在硬件结构上，一般分为单微处理器结构和多微处理器结构两大类。当控制功能不十分复杂时，多采用单微处理器结构。

一、单微处理器

1. 单微处理器的类型

单微处理器结构的 CNC 装置多采用以下两种结构型式：

（1）专用型　专用型 CNC 装置的硬件是由制造厂专门设计和制造的，因此不具有通用性。其中又有大板结构和模块化结构之分。大板结构的 CNC 装置，将主电路板制成大印制电路板，其他电路板为小板，小板插在大板的插槽内。模块结构的 CNC 装置则将整个 CNC 装置按功能划分为若干个模块，每个功能模块制成尺寸相同的印制电路板，各印制电路板均插到母板的插槽内。

（2）通用型　通用型 CNC 装置指的是采用工业标准计算机（如工业 PC 机）构成的 CNC 装置。只要装入不同的控制软件，便可构成不同类型的 CNC 装置，无需专门设计硬件，因而具有比较大的通用性，硬件故障维修方便。

2. 单微处理器结构

单微处理器结构的 CNC 装置，由于只有一个微处理器，因此多采用集中控制、分时处理的方式完成数控的各项任务。有的 CNC 装置虽然有两个或两个以上的微处理器，但只有一个微处理器能够控制系统总线，占有总线资源，而其他微处理器不能控制系统总线，不能访问主存储器，只能作为一个智能部件工作，各微处理器组成主从结构，这种 CNC 装置也属于单微处理器结构。由于所有数控功能，如数据存储、插补运算、输入/输出控制、显示等均由一个微处理器来完成，其功能受 CPU 字长、数据宽度、寻址能力和运算速度的影响，这使数控功能的实现与 CPU 处理速度构成一对突出的矛盾。为此常采用增加协处理器，由硬件分担精插补，采用带有 CPU 的 PLC 和 CRT 控制等智能部件来解决这对矛盾。

单微处理器 CNC 装置的组成框图如图 2-12 所示。微处理器（CPU）通过总线与存储器互连和通信。

（1）微处理器和总线　微处理器 CPU 是 CNC 装置的核心，由运算器与控制器两大部分组成。运算器对数据进行算术运算和逻辑运算，控制器则是将存储器中的程序指令进行译码，并向 CNC 装置各部分顺序发出执行操作的控制信号，并且接收执行部件的反馈信息，

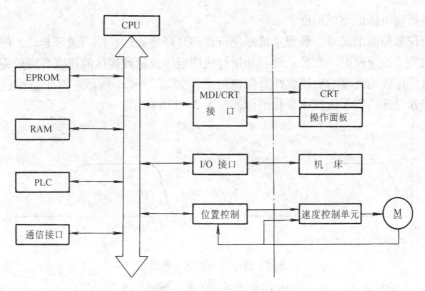

图 2 – 12   单微处理器 CNC 装置组成框图

从而决定下一步的命令操作。也就是说，CPU 主要担负数控有关的数据处理和实时控制任务。数据处理包括译码、刀补、速度处理，实时控制包括插补运算和位置控制以及对各种辅助功能的控制。

CNC 装置中常用的微处理器有 8 位、16 位和 32 位。选用 CPU 时要根据实时控制和数据处理的要求，对运算速度、字长、数据宽度、寻址能力等进行综合考虑。

总线是 CPU 与各组成部件、接口等之间的信息公共传输线。总线由地址总线、数据总线和控制总线三部分组成。传输信息的高速度和多任务性，使得总线结构和标准也在不断发展。

（2）存储器   CNC 装置的存储器包括只读存储器（ROM）和随机存储器（RAM）两类。ROM 一般采用可以用紫外线擦除的只读存储器（EPROM），这种存储器的内容只能由 CNC 装置的生产厂家写入（固化），写入信息的 EPROM 即使断电，信息也不会丢失。它只能被 CPU 读出，不能写进新的内容。要想写入新的内容必须用紫外线抹除之后，才能重新写入。RAM 中的信息可以随时被 CPU 读或写，但断电后，信息也随之消失。如果需要断电后保留信息，一般可采用后备电池。

CNC 装置的系统程序存放在只读存储器（EPROM）中。工件加工程序、机床参数、刀具参数等存放在有后备电池的 CMOS RAM 或磁泡存储器中，这些信息能被随机读出，还可以根据需要写入和修改。断电后，信息仍被保留。数控系统中各种运算的中间结果均放在随机存储器 RAM 中，可以随时读出和写入，断电后，信息就消失。

（3）位置控制器   它主要用来控制数控机床各进给坐标轴的位移量，随时将插补运算所得的各坐标位移指令与实际检测的位置反馈信号进行比较，并结合有关补偿参数，适时地向各坐标伺服驱动控制单元发出位置进给指令，使伺服控制单元驱动伺服电动机运转。位置控制是一种同时具有位置控制和速度控制两种功能的反馈控制系统。CPU 发出的位置指令值与位置检测值的差值就是位置误差，它反映实际位置总是滞后于指令位置。位置误差经处理后作为速度控制量控制进给电动机的旋转，使实际位置总是跟随指令位置的变化而变化。在位置控制中，通常还要完成位置回路的增益调整、各坐标方向的螺距误差补偿和反向间隙补偿等，以提高机床的定位精度。

在进行位置控制的同时，数控系统还进行自动升降速处理，即当机床起动、停止或在加工过程中改变进给速度时，数控系统自动进行线性规律或指数规律的速度升降处理。对于一般机床，可采用较为简单的直线线性升降速处理，如图 2-13a 所示。对于重型机床，则使用指数升降速处理，以便使速度变化平滑，如图 2-13b 所示。

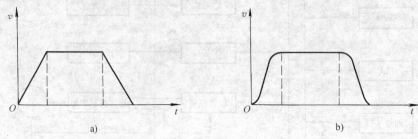

图 2-13　自动升降速处理
a）直线升降速　b）指数升降速

（4）可编程序逻辑控制器（PLC）　用来代替传统机床强电的继电器逻辑控制，利用 PLC 的逻辑运算功能实现各种开关量的控制。

"内装型" PLC 从属于 CNC 装置，PLC 与 NC 间的信号传送在 CNC 装置内部实现。PLC 与机床间则通过 CNC 输入/输出接口电路实现信号传送。数控机床中的 PLC 多采用内装型，它已成为 CNC 装置的一个部件。"独立型" PLC 则不属于 CNC 装置，可以自己独立使用，具有完备的硬件和软件结构。

（5）MDI/CRT 接口　MDI 接口即手动数据输入接口，数据通过操作面板上的键盘输入。CRT 接口是在 CNC 软件配合下，在显示器上实现字符和图形显示。显示器多为电子阴极射线管（CRT）。近年来出现了平板式液晶显示器（LCD），使用这种显示器可大大缩小 CNC 装置的体积。

（6）输入输出（I/O）接口　CNC 装置与机床之间的来往信号通过 I/O 接口电路传送。输入接口接收机床操作面板上的各种开关、按钮、机床上的各种行程开关、温度、压力及电压等检测信号，并对输入信号进行电平转换，变成 CNC 装置能够接收的电平信号。输出接口是将所检测到的各种机床工作状态信息送到机床操作面板进行指示，将 CNC 装置发出的控制机床动作信号送到强电控制柜，以控制机床电气执行部件动作。根据电气控制要求，接口电路还必须进行电平转换和功率放大。为防止噪声干扰引起误动作，还需用光耦合器或继电器将 CNC 装置和机床之间的信号在电气上加以隔离。

（7）通信接口　该接口用来与外设进行信息传输，如上一级计算机、纸带穿孔阅读机、录音机等。

二、多微处理器结构

机械制造技术的发展，要求数控机床具有更复杂的功能、更高速度和精度，以适应更高层次的需要。为此，多微处理器硬件结构得到迅速发展，许多全功能型数控装置都采用这种结构，它代表了当今数控系统的新水平。其主要特点是：采用模块化结构，具有比较好的扩展性；提供了多种可供选择的功能，配置了多种控制软件，适用于多种机床的控制。

多微处理器 CNC 装置多采用模块化结构，每个微处理器分管各自的任务，形成特定的功能单元，即功能模块。由于采用模块化结构，可以采取积木方式组成 CNC 装置，因此具有良好的适应性和扩展性，且结构紧凑。由于插件模块更换方便，因此可使故障对系统的影响降到最低限度。与单微处理器 CNC 装置相比，其运算速度有了很大的提高，因此更适合于多轴控制、高进给速度、高精度、高效率的数控要求。

模块化结构的多微处理器 CNC 装置中的基本功能模块一般有以下六种。进一步扩充功能，还可增加相应的模块。

(1) CNC 管理模块　管理和组织整个 CNC 系统的工作，主要包括初始化、中断管理、总线裁决、系统出错识别和处理、系统软件硬件诊断等功能。

(2) CNC 插补模块　完成插补前的预处理，如进行工件程序译码、刀具半径补偿、坐标位移量计算及进给速度处理等。进行插补计算，为各个坐标提供位置给定值。

(3) 位置控制模块　对位置给定值与检测所得实际值进行比较，进行自动加减速、回基准点、伺服系统滞后量的监视和漂移补偿，最后得到速度控制的模拟电压，用以控制驱动进给电动机。

(4) 存储器模块　该模块为程序和数据的主存储器，或为各功能模块间进行数据传送的共享存储器。

(5) PLC 模块　对工件程序中的开关功能和机床来的信号进行逻辑处理，实现机床电气设备的起、停，刀具交换，主轴转速，转台分度，加工工件和机床运转时间的计数，及各功能、操作方式间的联锁等。

(6) 操作控制数据输入、输出和显示模块　包括工件加工程序、参数、数据及各种操作命令的输入、输出、显示所需的各种接口电路。

多微处理器 CNC 装置的结构方案，随着计算机系统结构的发展以及 CNC 装置功能和结构的变化而变化。功能模块的划分和模块数量的多少也不同，若扩充功能，则需增加相应的模块。多微处理器的 CNC 装置一般采用总线互联方式实现各模块之间的互联和通信。典型的有共享总线和共享存储器两类结构。

(1) 共享总线结构　这种结构是以系统总线为中心组成的多微处理器 CNC 装置，如图 2-14 所示。

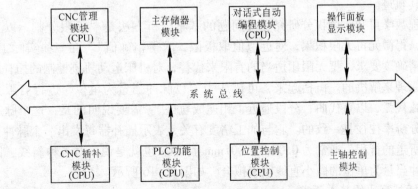

图 2-14　多微处理器共享总线结构框图

按照功能，将系统划分为若干功能模块。带有 CPU 的模块称为主模块，不带 CPU 的称为从模块。所有主、从模块都插在配有总线插座的机柜内，共享严格设计、定义的标准总线。系统总线的作用是把各个模块有效地连接在一起，按照要求交换各种数据和控制信息，构成一个完整的系统，实现各种预定的功能。

这种结构中只有主模块有权控制使用系统总线。由于有多个主模块，系统设有总线仲裁电路来裁决多个主模块同时请求使用总线而造成的竞争，以便解决某一时刻只能由一个主模块占有总线的矛盾。每个主模块按其担负任务的重要程度，已预先安排好优先级别的顺序。总线总裁电路的目的，就是在各主模块争用总线时，判别出其优先级的高低。

共享总线结构的优点是系统配置灵活，结构简单，容易实现，造价低。不足之处是会引起竞争，使信息传输率降低，总线一旦出现故障，会影响全局。

（2）共享存储器结构　采用多端口存储器来实现各微处理器之间的互联和通信，每个端口都配有一套数据、地址、控制线，以供端口访问。由专门的多端口控制逻辑电路解决访问的冲突问题。图2－15所示为具有四个微处理器的共享存储器结构框图。当微处理器数量增多时，往往会由于争用共享而造成信息传输阻塞，降低系统效率，因此这种结构功能扩展比较困难。

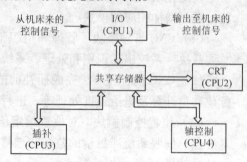

图2－15　多微处理器共享存储器结构框图

第四节　插 补 原 理

一、插补的基本知识

1. 插补的基本概念

机床数字控制中的核心问题，就是如何根据所输入的工件加工程序中，有关几何形状、轮廓尺寸的原始数据及其指令，通过相应的插补运算，按一定的关系向机床各个坐标轴的驱动控制器分配进给脉冲，从而使得伺服电动机驱动工作台相对主轴（即工件相对刀具）运动的轨迹，以一定的精度要求逼近于所加工工件的外形轮廓尺寸。对于平面曲线的运动轨迹需要二个运动坐标协调运动，对于空间曲线或立体曲面则要求三个以上运动坐标协调运动，才能走出其轨迹。

由工程数学可知，微积分研究变量问题的基本分析方法是"无限分割，以直代曲，以不变代变，得微元再无限积累，对近似值取极限，求得精确值"。在一些实际工程应用中，往往根据精确度要求，把无限用适当的有限来代替，对机床运动轨迹控制的插补运算正是按这一基本原理来解决的。概括起来，可描述为"以脉冲当量为单位，进行有限分段，以折代直，以弦代弧，以直代曲，分段逼近，相连成轨迹"。需要说明的是，这个脉冲当量与其坐标显示分辨率往往是一致的。它与加工精度有关，表示插补器每发出一个脉冲执行电动机驱动丝杠所走的行程，通常为 0.01～0.001mm/脉冲。也就是说，对各种斜线、圆弧、曲线均由以脉冲当量为单位的微小直线段来拟合，如图2－16所示。

2. 对插补算法的基本要求

插补是数控系统的主要功能，它直接影响数控机床加工的质量和效率。对插补算法的基本要求是：

1）插补所需的输入数据最少。

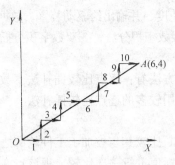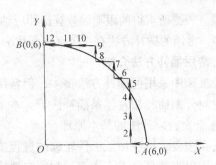

图 2 - 16　用微小直线段来拟合曲线

2）插补理论误差要满足精度要求。就是要保证插补曲线要精确地通过给定的基点，即工件轮廓的两相邻几何元素的交点，以实现无累积误差，局部误差不超过允差。

3）沿插补路线或插补矢量的合成进给速度，要满足轮廓表面粗糙度一致性的工艺要求，也就是进给速度变化要在许可范围内。

4）控制联动坐标轴数的能力要强，也就是插补算法比较容易实现多坐标的联动控制。

5）插补算法要简单、可靠。

3. 插补方法的分类

插补的形式很多，按实现的方法来说，均可通过硬件逻辑电路或软件程序来完成，因而可分为硬件插补和软件插补。软件插补利用 CNC 系统的微处理器执行相应的插补程序来实现，结构简单、灵活易变、可靠性好，目前大部分 CNC 系统采用了软件插补方式。但硬件插补方式速度快。对要求高的 CNC 系统，目前采用粗、精二级插补的方法来实现，其中粗插补一般采用软件插补，而精插补往往采用硬件插补。从实现的功能来分，有直线插补、圆弧插补及非圆曲线插补等。根据插补所采用的原理和计算方法的不同，又有许多插补方法，一般可分为两大类：

（1）脉冲增量插补　也称为行程标量插补或基准脉冲插补。这种插补算法的特点是每次插补结束，数控装置向每个运动坐标输出基准脉冲序列，每个脉冲代表了最小位移，脉冲序列的频率代表了坐标运动速度，而脉冲的数量表示移动量。脉冲增量插补的实现方法比较简单，容易用硬件实现，但也可以用软件完成这类算法。适用于一些中等精度和中等速度要求的计算机数控系统。脉冲增量插补方法有下列几种：①逐点比较法；②数字积分法；③数字脉冲乘法器插补法；④比较积分法等。

（2）数据采样插补　也称为时间标量插补或数字增量插补。这类插补算法的特点是数控装置产生的不是单个脉冲，而是标准二进制字。插补运算分两步完成：第一步为粗插补，它是在给定起点和终点的曲线之间插入若干个点，即用若干条微小直线段来逼近给定曲线，每一微小直线段的长度 ΔL 都相等，且与给定进给速度有关。粗插补在每个插补运算周期中计算一次，因此，每一微小直线段的长度 ΔL 与进给速度 F 和插补周期 T 有关，即 $\Delta L = FT$。第二步为精插补，它是在粗插补算出的每一微小直线段的基础上再作"数据点的密化"工作，这一步相当于对直线的脉冲增量插补。

数据采样插补方法适用于闭环位置采样控制系统。粗插补在每个插补周期内计算出坐标实际位置增量值，而精插补则在每个采样周期内采集闭环位置增量值及插补输出的指令位置增量值，然后算出各坐标轴相应的插补指令位置和实际反馈位置，并对二者进行比较，求得跟随误差。根据所求得的跟随误差算出相应轴的进给速度，并输出给驱动装置。数据采样插补方法很多，常用的插补方法有：①直线函数法；②扩展数字积分法；③双数字积分插补法。

二、常用插补方法介绍

数控机床中采用的插补方法很多，但常用的插补方法有：逐点比较插补法、数字积分插补法、时间分割插补法及样条插补法等。本节介绍使用较多的逐点比较插补法。

1. 逐点比较插补法的基本原理

刀具在按要求轨迹加工工件轮廓的过程中，要不断比较其与被加工工件轮廓之间的相对位置。具体说来就是每走一步都要和给定轨迹上的坐标值进行一次比较，视该点在给定轨迹的上方或下方，或在给定轨迹的里面或外面，从而决定下一步的进给方向，使之趋近加工轨迹。如此，走一步，比较一次，决定下一步走向，以便逼近给定的轨迹。逐点比较法是以折线逼近直线、圆弧或各类曲线，它与规定的直线或圆弧之间的最大误差不超过一个脉冲当量。因此，只要将脉冲当量（每走一步的距离）取得足够小，就可达到加工精度的要求。

2. 直线插补计算

（1）偏差计算公式　假定加工图 2-17 所示的第一象限的直线 OE。直线起点 O 为坐标原点，直线终点坐标 $E(X_e, Y_e)$。动点 $N(X_i, Y_i)$ 为加工点，若 N 在 OE 直线上，则根据相似三角形关系可得

$$\frac{X_i}{Y_i} = \frac{X_e}{Y_e}$$

令直线插补的偏差函数为
$$F_i = Y_i X_e - X_i Y_e \qquad\qquad (2-1)$$

若 $F_i = 0$，表明 N 点在 OE 直线上；若 $F_i > 0$，表明 N 点在 OE 直线的上方 N'' 处；若 $F_i < 0$，表明 N 点在 OE 直线的下方 N' 处。

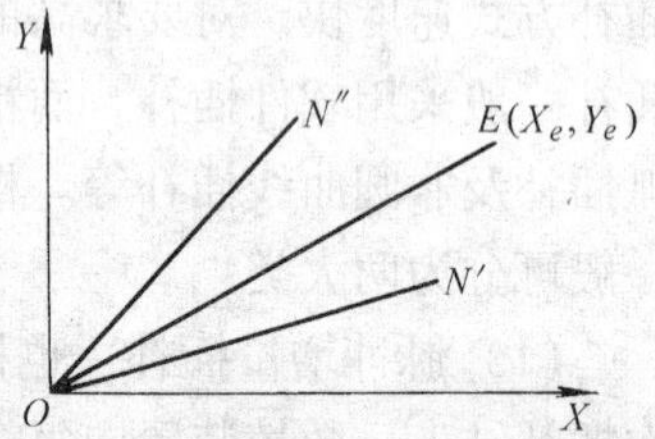

对于第一象限直线，从起点（即坐标原点）出发，当 $F_i \geqslant 0$ 时，沿 $+X$ 轴方向走一步；当 $F_i < 0$ 时，沿 $+Y$ 方向走一步；当两方向所走的步数与终点坐标 $E(X_e, Y_e)$ 相等时，发出到达终点信号，停止插补。

图 2-17　第一象限动点与
直线之间的关系

设在某加工点处，若 $F_i \geqslant 0$ 时，应沿 $+X$ 方向进给一步，走一步后新的坐标值为

$$X_{i+1} = X_i + 1, \quad Y_{i+1} = Y_i$$

新的偏差函数为
$$F_{i+1} = Y_{i+1} X_e - X_{i+1} Y_e = F_i - Y_e \qquad\qquad (2-2)$$

若 $F_i < 0$，应向 $+Y$ 方向进给一步，走一步后新的坐标值为

$$X_{i+1} = X_i, \quad Y_{i+1} = Y_i + 1$$

新的偏差函数为
$$F_{i+1} = Y_{i+1} X_e - X_{i+1} Y_e = F_i + X_e \qquad\qquad (2-3)$$

式（2-2）、式（2-3）为简化后的偏差函数计算公式，在公式中只有加、减运算，只要将前一点的偏差函数值与终点坐标值 X_e、Y_e（常数）相加减，即可得到新的坐标点的偏差函数值。加工的起点是坐标原点，起点的偏差值是已知的，即 $F_i = 0$，这样，随着加工点前进，新加工点的偏差函数 F_{i+1} 都可以由前一点偏差函数 F_i 和终点坐标值相加或相减得到。

（2）终点判别法　逐点比较法的终点判断有多种方法，下面介绍两种：

第一种方法：设置 X、Y 两个减法计数器，加工开始前，在 X、Y 计数器中分别存入终

点坐标值 $|X_e|$、$|Y_e|$，在 X 坐标（或 Y 坐标）进给一步时，就在 X 计数器（或 Y 计数器）中减去1，直到这两个计数器中的数都减到零时，便到达终点。

第二种方法：用一个终点计数器，寄存 X 和 Y 两个坐标，从起点到达终点的总步数 $\Sigma = |X_e| + |Y_e|$，X、Y 坐标每进给一步，Σ 减去1，直到 Σ 为零时，就到了终点。

（3）插补运算过程　插补计算时，每走一步，都要进行以下四个步骤（又称四个节拍）的算术运算或逻辑判断，其工作循环如图 2-18 所示。

1）方向判定：根据偏差函数值的符号判定刀具进给方向。

2）坐标进给：根据判定的方向，控制相应坐标轴进给一步（一个脉冲当量）。

3）偏差计算：每走一步到达新的坐标点，按偏差函数公式计算新的偏差函数。

4）终点判别：判别是否到达终点，若到达终点就结束插补运算。如未到达再重复上述的循环步骤。

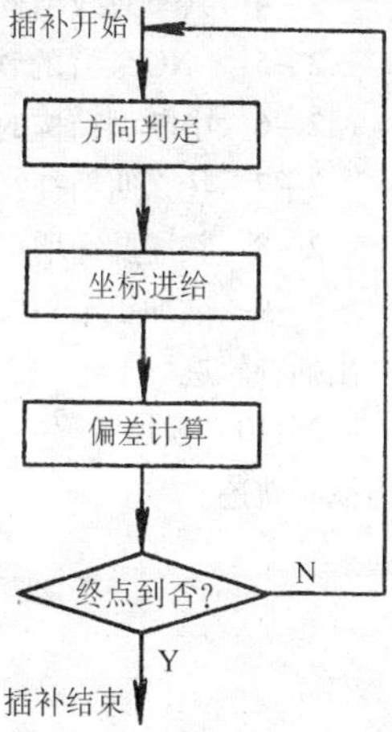

3. 圆弧插补计算

（1）偏差计算公式　下面以第一象限逆圆弧为例讨论偏差函数计算公式。如图 2-19 所示，设需要加工圆弧 SE，圆弧的圆心在坐标原点，已知圆弧起点为 $S(X_s, Y_s)$，终点为 $E(X_e, Y_e)$，圆弧半径为 R。动点 $N(X_i, Y_i)$ 为加工点，它与圆心的距离为 R_i。比较 R_i 和 R，以反映动点 N 和圆弧之间的相对位置。

图 2-18　逐点比较法工作循环图

$$R_i^2 = X_i^2 + Y_i^2 \qquad R^2 = X_s^2 + Y_s^2$$

令圆弧插补的偏差函数为

$$F_i^2 = R_i^2 - R^2 = X_i^2 + Y_i^2 - R^2$$

若 $F_i = 0$，表明加工点 N 在圆弧上；$F_i > 0$，表明加工点 N 在圆弧外 N' 处；$F_i < 0$，表明加工点 N 在圆弧内 N'' 处。

若 $F_i > 0$，对于第一象限的逆圆，为了逼近圆弧，应沿 $-X$ 方向进给一步，其新动点的坐标值为 $X_{i+1} = X_i - 1$，$Y_{i+1} = Y_i$，新动点的偏差函数为

$$F_{i+1}^2 = X_{i+1}^2 + Y_{i+1}^2 - R^2 = F_i - 2X_i + 1 \qquad (2-4)$$

若 $F_i < 0$，为了逼近圆弧，应沿 $+Y$ 方向进给一步，其新动点的坐标值为 $X_{i+1} = X_i$，$Y_{i+1} = Y_i + 1$，新动点的偏差函数为

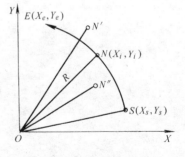

图 2-19　第一象限逆圆弧

$$F_{i+1}^2 = X_{i+1}^2 + Y_{i+1}^2 - R^2 = F_i + 2Y_i + 1 \qquad (2-5)$$

由式（2-4）和式（2-5）可知，只要知道前一点的偏差函数，就可以求出新一点的偏差函数。因为加工是从圆弧的起点开始的，起点的偏差函数值 $F_0 = 0$，所以新加工的偏差函数值 F_{i+1} 总可以根据前一点的偏差函数值 F_i 计算出来。

（2）终点判别法　圆弧插补的终点判别方法和直线插补相同。可将从起点到终点 X、Y 轴步数的总和 Σ 存入一个计数器，每走一步，从 Σ 中减去1，当 $\Sigma = 0$ 时发出终点到达信号。

（3）插补计算过程　圆弧插补过程和直线插补计算过程相同，但是偏差计算公式不同，

而且在偏差计算的同时还要进行动点坐标值计算，以便为下一点的偏差计算作好准备。

习题与思考题

2-1 CNC 系统主要由哪几部分组成？CNC 装置主要由哪几部分组成？

2-2 描述 CNC 装置的工作过程。

2-3 单微处理器结构的 CNC 装置与多微处理器结构的 CNC 装置有何区别？

2-4 共享总线结构的 CNC 装置与共享存储器结构的 CNC 装置各有何特点？

2-5 CNC 装置的软件结构可分为哪两类？各有何特点？

2-6 中断型结构的软件中，各中断服务程序的优先级是如何安排的？

2-7 什么叫插补？目前应用较多的插补算法有哪些？

2-8 叙述脉冲增量插补法和数据采样插补法的区别。

2-9 欲加工第一象限直线 OE，起点坐标为 $O(0,0)$，终点坐标为 $E(6,4)$。试用逐点比较法插补并画出插补轨迹。

2-10 欲加工第一象限逆圆弧 AB，圆弧起点为 $A(4,0)$，终点 $E(0,4)$。试用数字积分法插补并画出插补轨迹。

第三章　数控机床的机械结构

第一节　数控机床机械结构的特点

在数控机床发展初期，人们通常认为任何设计优良的传统机床只要装备了数控装置，就能成为一台完善的数控机床。采用的主要方法是在传统机床上进行改装，或以通用机床为基础进行局部的改进设计，这在当时还是很有必要的。随着数控技术的发展，控制方式和使用特点对机床的生产率、加工精度和寿命提出了更高的要求。而传统机床的一些弱点（刚度不足、抗振性差、滑动面的摩擦阻力较大、重复定位精度低等）越来越明显地暴露出来，它的某些基本结构限制着数控机床技术性能的发挥。因此，从 20 世纪 80 年代末开始，数控机床设计逐步由改装现有机床转变为针对数控要求设计新结构的机床。目前，数控机床的结构设计已形成自己的独立体系。

数控机床高精度、高效率、高自动化程度和高适应性的工艺特点，对其机械结构提出了更高的要求。与普通机床相比较，数控机床的机械结构有以下特点：

（1）高刚度　机床的刚度是指机床在载荷作用下抵抗变形的能力。机床刚度不足，在切削力、重力等载荷作用下，机床各部件、构件的变形，会引起刀具和工件相对位置变化，从而影响加工精度。同时，刚度也是影响机床抗振性的重要因素。高精度、高效率、高自动化的数控机床，对刚度要求更高。一般情况下数控机床的刚度要比普通机床高 50% 以上。

影响机床刚度的主要因素是机床各构件、部件本身的刚度和它们之间的接触刚度。合理布置支承件的隔板和肋条、选取合适的截面形状可以提高构件的刚度。提高机床各部件的接触刚度能够增加机床的承载能力。通常采用刮研的方法增加单位面积上的接触点，在结合面间施加预加载荷、增加接触面积，以减少接触变形，如主轴支承、滚动导轨、滚珠丝杠都必须预紧。

（2）高抗振性　机床的抗振性是指机床工作时抵抗由交变载荷、冲击载荷引起振动的能力。提高机床的抗振性可以通过提高机床的刚度、阻尼比等方法来实现。提高刚度的方法前面已经介绍过。提高阻尼比可以采用封砂床身结构，即铸造时的砂芯留在铸件内，振动时利用松散砂粒之间的相对摩擦来耗散振动能量。

（3）热变形小　机床热变形的大小直接影响加工精度。由于数控机床的主轴转速、进给速度远远高于普通机床，所以由摩擦热、切削热引起的热变形更为严重。数控机床按程序自动加工，加工过程中不直接进行测量，无法人工修正热变形误差，所以必须对其采取措施以减少热变形。

减少热变形的措施通常有：合理设计机床的结构与布局，以减少热变形对加工精度的影响；增大发热部位的散热面积，改善发热部位的散热条件；切削过程发热量大，要使用大流量的切削液进行冷却，以控制机床的温升；使用热变形补偿装置进行补偿。

（4）进给运动平稳、定位精度高　数控机床要求在高速进给运动时工作平稳、无振动、跟随性好，在低速进给运动时不爬行、有高的灵敏度。同时，要求各坐标轴有高的定位精度。

第二节　数控机床主传动系统

机床的主传动系统将电动机的转矩和功率传递给主轴部件，使安装在主轴内的工件或刀具实现主运动。

一、主传动系统的特点

数控机床与普通机床相比具有以下特点：

1）传动链短，以保证机床主传动的精度。

2）主轴转速范围宽，且能实现自动无级变速，可适应各种加工的需要。

3）为了实现刀具的快换或自动装卸，主轴上还必须装有刀具自动夹紧、主轴准停和主轴孔内切屑清除装置。

二、数控机床主轴的调速方法

数控机床的调速是按照控制指令自动执行的，因此变速机构必须适应自动操作的要求。在主传动系统中，目前多采用变频交流电动机和交流调速电动机无级调速系统。在实际生产中，一般要求数控机床在中、高速段为恒功率输出，在低速段为恒转矩输出。为了保证数控机床低速时的扭矩和主轴的变速范围尽可能大，大中型数控机床多采用无级变速与分级变速串联，即在交流电动机无级变速的基础上配以齿轮变速，使之成为分段无级调速。

数控机床主传动系统主要有四种配置方式，如图 3 - 1 所示。

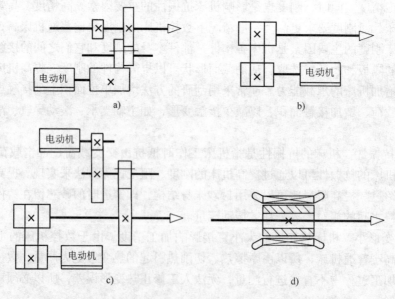

图 3 - 1　数控机床主传动的四种配置方式

a）变速齿轮　b）带传动　c）两个电动机分别驱动　d）内装电动机主轴传动结构

1. 带有变速齿轮的主传动

这是大、中型数控机床采用的一种配置方式。如图 3 - 1a 所示，通过少数几对齿轮降速，扩大输出转矩，以满足主轴低速时对输出转矩特性的要求。一部分小型数控机床也采用此种传动方式，以获得强力切削时所需要的转矩。滑移齿轮的移位大都采用液压拨叉或直接由液压缸带动齿轮来实现。

2. 通过带传动的主传动

如图 3－1b 所示，这种传动主要应用在转速较高、变速范围不大的机床上。电动机本身的调速就能够满足要求，不用齿轮变速，可以避免齿轮传动引起的振动与噪声。它适用于高速、低转矩特性要求的主轴。常用的带传动有 V 带传动和同步齿形带传动。

3. 用两个电动机分别驱动主轴

如图 3－1c 所示，这是上述两种方式的混合传动，具有上述两种性能。高速时电动机通过带轮直接驱动主轴旋转；低速时，另一个电动机通过两级齿轮传动驱动主轴旋转，齿轮起到降速和扩大变速范围的作用。这样就使恒功率区增大，扩大了变速范围，克服了低速时转矩不够且电动机功率不能充分利用的缺陷。

4. 内装电动机主轴传动结构

如图 3－1d 所示，这种主传动方式大大简化了主轴箱体与主轴的结构，有效地提高了主轴部件的刚度，但主轴输出转矩小，电动机发热对主轴精度影响较大。

三、数控机床的主轴部件

数控机床的主轴部件，既要满足精加工时精度较高的要求，又要具备粗加工时高效切削的能力。因此，在旋转精度、刚度、抗振性和热变形等方面，都有很高的要求。在局部结构上，一般数控机床的主轴部件与其他高效、精密自动化机床没有多大区别。但对于具有自动换刀功能的数控机床，其主轴部件除主轴、主轴轴承和传动件等一般组成部分外，还有刀具自动装卸及吹屑装置、主轴准停装置等。

1. 主轴的支承与润滑

数控机床主轴的支承可以有多种配置形式。图 3－2 所示为 TND360 型数控车床主轴部件结构。因为主轴在切削时承受较大的切削力，所以轴径设计得比较大。前轴承为三个角接触球轴承，前面两个轴承开口朝向主轴前端，接触角为25°，用以承受轴向切削力；第三个轴承开口朝里，接触角为14°。三个轴承的内外圈轴向由轴肩和箱体孔的台阶固定，以承受轴向负荷。后支承由一对背对背的角接触球轴承组成，只承受径向载荷，并由后压套进行预紧。轴承预紧量预先配好，直接装配即可，无需修磨。主轴为空心，通过棒料的直径可达60mm。

数控车床主轴有的采用油脂润滑，迷宫式密封；有的采用集中强制润滑。为了保证润滑的可靠性，常以压力继电器作为失压报警装置。

2. 卡盘

为了减少辅助时间、降低劳动强度，并适应自动化和半自动化加工的需要，数控车床多采用动力卡盘装夹工件。目前使用较多的是自动定心液压动力卡盘，该卡盘主要由引油导套、液压缸和卡盘三部分组成。

图 3－3 所示为数控车床上采用的一种液压驱动动力自定心卡盘，卡盘 3 用螺钉固定在主轴（短锥定位）上，液压缸 5 固定在主轴后端。改变液压缸左、右腔的通油状态，活塞杆 4 带动卡盘内的驱动爪 1 和卡爪 2，夹紧或放松工件，并通过行程开关 6 和 7 发出相应信号。

3. 刀具自动装卸及切屑清除装置

在某些带有刀库的数控机床中，主轴部件除具有较高的精度和刚度外，还带有刀具自动

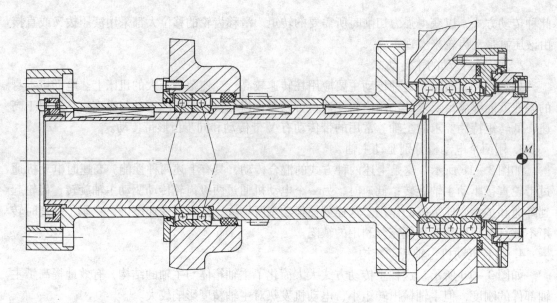

图 3 - 2　TND360 型数控车床主轴部件结构

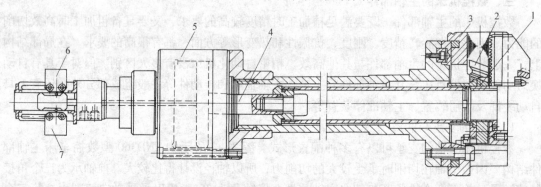

图 3 - 3　液压驱动动力自定心卡盘

1—驱动爪　2—卡爪　3—卡盘　4—活塞杆　5—液压缸　6、7—行程开关

装卸装置和主轴孔内切屑清除装置。如图 3 - 4 所示，主轴前端有 7:24 的锥孔，用于装夹锥柄刀具。端面键 13 既作刀具定位用，又可传递转矩。为了实现刀具的自动装卸，主轴内设有刀具自动夹紧装置。从图 3 - 4 中可以看出，该机床是由拉紧机构拉紧锥柄刀夹尾端的轴颈来实现刀夹的定位及夹紧的。夹紧刀夹时，液压缸上腔接通回油，弹簧 11 推动活塞 6 上移，处于图示位置，拉杆 4 在碟形弹簧 5 的作用下向上移动。由于此时装在拉杆前端径向孔中的四个钢球 12 进入主轴孔中直径较小的 d_2 处（见图 3 - 4b），被迫径向收拢而卡进拉钉 2 的环行凹槽内，因而刀杆被拉杆拉紧，依靠摩擦力紧固在主轴上。换刀前需将刀夹松开，压力油进入液压缸上腔，活塞 6 推动拉杆 4 向下移动，碟形弹簧被压缩；当钢球 12 随拉杆一起下移至主轴孔中直径较大的 d_1 处时，它就不再能约束拉钉的头部，紧接着拉杆前端内孔的抬肩端面碰到拉钉，把刀夹顶松。此时行程开关 10 发出信号，换刀机械手随即将刀夹取下。与此同时，压缩空气由管接头 9 经活塞和拉杆的中心通孔吹入主轴装刀孔内，把切屑或脏物清除干净，以保证刀具的装夹精度。机械手把新刀装上主轴后，液压缸 7 接通回油，碟形弹簧 5 又拉紧刀夹。刀夹拉紧后，行程开关 8 发出信号。

自动清除主轴孔中的切屑和尘埃是换刀操作中一个不容忽视的问题。如果在主轴锥孔中

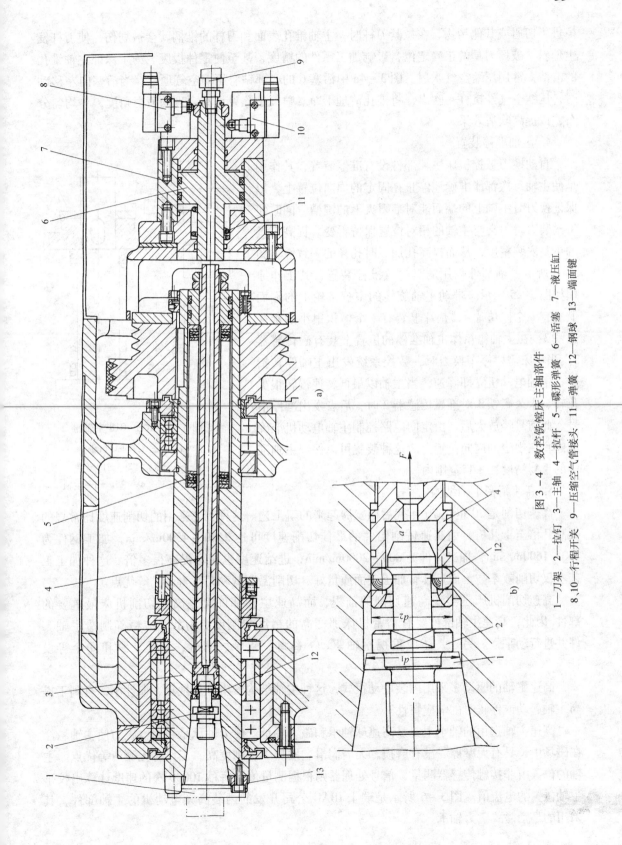

图 3 – 4 数控铣镗床主轴部件

1—刀架 2—拉钉 3—主轴 4—拉杆 5—碟形弹簧 6—活塞 7—液压缸
8,10—行程开关 9—压缩空气管接头 11—弹簧 12—钢球 13—端面键

掉进了切屑或其他污物,在拉紧刀杆时,主轴锥孔表面和刀杆的锥柄就会被划伤,使刀杆发生偏斜,破坏刀具的正确定位,影响加工零件的精度,甚至使零件报废。为了保证主轴锥孔的清洁,常用压缩空气吹屑。图3-4a中活塞6的心部钻有压缩空气通道,当活塞向左移动时,压缩空气经拉杆4吹出,将锥孔清理干净。喷气小孔设计有合理的喷射角度,并均匀分布,以提高吹屑效果。

4. 主轴准停装置

自动换刀数控机床主轴部件设有准停装置,其作用是使主轴每次都能准确地停止在固定的周向位置上,以保证换刀时主轴上的端面能对准刀夹上的键槽,同时使每次装刀时刀夹与主轴的相对位置保持不变,提高刀具的重复安装精度,从而提高孔加工时孔径的一致性。图3-4所示主轴部件采用的是电气准停装置,其工作原理如图3-5所示。带动主轴旋转的多楔带轮1的端面上装有一个厚垫片4,垫片上装有一个体积很小的永久磁铁3,在主轴箱箱体主轴准停的位置上装有磁传感器2。当机床需要停车换刀时,数控系统发出主轴停转指令,主轴电动机立即降速,当主轴以最低转速慢转很少几转、永久磁铁3对准磁传感器2时,后者发出准停信号。此信号经放大后,由定向电路控制主轴电动机准确地停止在规定的周向位置上。这种装置可以保证主轴准停的重复精度在±1°范围内。

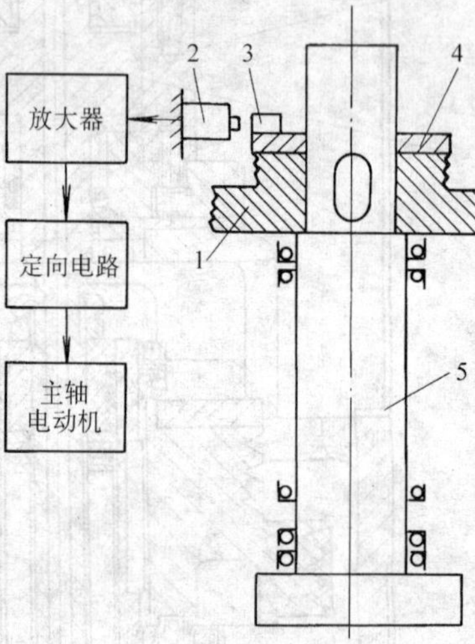

图3-5　JCS-018主轴准
停装置工作原理图
1—多楔带轮　2—磁传感器
3—永久磁铁　4—垫片　5—主轴

5. 高速精密主轴结构

高速切削是20世纪70年代后期发展起来的新工艺。这种工艺采用的切削速度比常规的要高几倍至十几倍,如高速铣削铝件的最佳切削速度可达2500~4500m/min,加工钢件为400~1600m/min,加工铸件为800~2000m/min,进给速度也相应提高很多倍。这种加工工艺不仅切削效率高,而且具有加工表面质量好、切削温度低和刀具寿命长等优点。

高速切削机床是实现高速切削的前提,而高速主轴部件又是高速切削机床最重要的部件。因此,高速主轴部件要有精密机床那样高的精度和刚度。为此,应精确制造主轴零件并进行动平衡。另外,还应重视主轴驱动、冷却、支承、润滑、刀具夹紧和安全等设计。

高速主轴的驱动多采用内装电动机式,这种主轴结构紧凑、重量轻、惯性小,有利于提高主轴起动或停止时的响应特性。

高速主轴选用的轴承主要是高速球轴承和磁力轴承。磁力轴承是利用电磁力使主轴悬浮在磁场中,具有无摩擦、没有磨损、无需润滑、发热少、刚度高、工作时无噪声等优点。主轴的位置由非接触传感器测量,信号处理器则根据测量值以每秒10000次的速度计算出校正主轴位置的电流值。图3-6所示是瑞士IBAG公司开发的内装高频电动机的主轴部件,其采用的是励磁式磁力轴承。

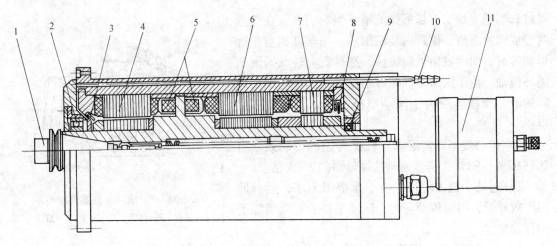

图 3-6　用磁力轴承的高速主轴部件

1—刀具系统　2、9—捕捉轴承　3、8—传感器　4、7—径向轴承

5—轴向推力轴承　6—高频电动机　10—冷却水管路　11—气—液压力放大器

第三节　数控机床进给系统简介

数控机床的进给运动是数字控制的直接对象，无论是点位控制还是轮廓控制，被加工工件的最后尺寸精度和位置精度都受进给系统传动精度、灵敏度和稳定性的影响。为此，进给传动系统中的传动装置和元件要具有高传动刚度、高抗振性、低摩擦、低运动惯量、无传动间隙等特点。

（1）高传动刚度　进给传动系统的传动刚度，从机械结构方面考虑主要取决于丝杠螺母副或蜗杆副及其支承结构的刚度。刚度不足将导致工作台产生爬行、振动，以致造成反向死区，影响传动精度。为了提高传动刚度，可以缩短传动链，合理选择丝杠尺寸，以及对丝杠螺母副、支承部件等进行预紧。

（2）高抗振性　为提高进给系统的抗振性，应使机械部件具有高的固有频率和合适的阻尼比。一般要求机械传动系统的固有频率高于伺服驱动系统的固有频率 2~3 倍。

（3）低摩擦　为满足数控机床进给系统响应快、运动精度高的要求，必须减少运动件的摩擦阻力。在数控机床进给系统中，普遍采用滚珠丝杠螺母副、滚动导轨、塑料导轨和静压导轨，以降低传动摩擦。

（4）低运动惯量　进给系统由于经常进行起动、停止、变速和反向，加上数控机床切削速度高，高速运转的零部件对其惯性影响更大。大的惯量会使系统动态性能变差。因此，在满足部件强度和刚度的前提下，应尽可能减少运动部件的质量以及各传动元件的直径。

（5）无传动间隙　传动间隙是造成进给系统反向死区的另一个主要原因，因此对传动链的各个环节，包括联轴器、齿轮副、丝杠螺母副及其支承等均应采用消除间隙的结构措施。

一、滚珠丝杠螺母副

1. 工作原理及特点

滚珠丝杠螺母副是将回转运动转换为直线运动的传动装置，其结构如图 3-7 所示。在丝杠和螺母上加工有弧形螺旋槽，当它们套装在一起时形成螺旋滚道，滚道内装满滚珠。当丝杠相对于螺母旋转时，两者发生轴向位移。滚珠既自转又沿滚道循环流动。由于滚珠丝杠螺母副把传统丝杠与螺母之间的滑动摩擦转变为了滚动摩擦，所以具有很多优点：

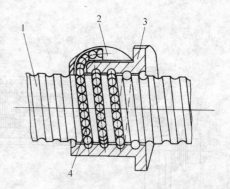

图 3 - 7　滚珠丝杠螺母副
1—丝杠　2—插管　3—螺母　4—滚珠

1）传动效率高。滚珠丝杠螺母副的传动效率可达到 92% ~98%，是普通丝杠螺母副的 3 ~4 倍。

2）运动平稳无爬行。由于摩擦阻力小，动静摩擦因数相近，因而传动灵活，运动平稳，有效消除了爬行现象。

3）使用寿命长。因为滚动摩擦小，故磨损很小，精度保持性好，寿命长。

4）滚珠丝杠螺母副经预紧后可以消除轴向间隙，因而无反向死区，同时也提高了传动刚度。

由于滚珠丝杠螺母副具有上述优点，所以在各类数控机床的直线进给系统中得到了普遍应用。但是滚珠丝杠螺母副也有缺点：

1）结构复杂，制造成本高。

2）不能自锁。由于摩擦因数小不能自锁，因而不仅可以将旋转运动转换为直线运动，也可将直线运动转换为旋转运动。当垂直布置时，自重和惯性会造成部件下滑，必须增加制动装置。

2. 结构类型

（1）滚珠循环方式　滚珠丝杠螺母副按滚珠循环方式不同可分为外循环和内循环。

1）外循环。滚珠在循环过程结束后通过螺母外表面上的螺旋槽或插管返回丝杠螺母间重新进入循环。如图 3 - 8a 所示，在螺母外圆上装有螺旋形的插管，其两端分别插入螺母的始末端，以引导滚珠进入插管回流，形成如图 3 - 8b 所示的多圈循环链。外循环结构简单，工艺性好，承载能力高，但由于插管的存在其径向尺寸较大。

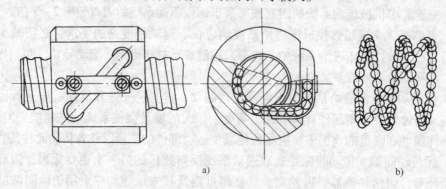

a)　　　　　　　　　　　　　　　　　　　b)

图 3 - 8　滚珠的外循环结构

2）内循环。如图 3 - 9 所示，靠螺母上安装的反向器接通相邻的滚道，使滚珠形成单圈循环链。这种形式结构紧凑、刚性好、摩擦损失小，但制造较困难，适用于高灵敏、高精度的进给系统。

（2）轴向间隙的消除　轴向间隙通常是指丝杠和螺母无相对转动时，丝杠和螺母之间的最大轴向窜动。除了结构本身的游隙外，在施加轴向载荷之后，还包括弹性变形造成的窜动。

滚珠丝杠螺母副通过预紧方法消除间隙时应注意：预加载荷能够有效地减小弹性变形所带来的轴向位移，但过大的预加载荷将增大摩擦阻力，降低传动效率，并使寿命大为缩短。所以一般要经过多次调整才能保证机床在最大轴向载荷下，既消除了间隙，又能灵活运转。

除了少数采用微量过盈滚珠的单螺母消除间隙外，常用的消隙结构有以下三种：

1）双螺母垫片式消隙。如图 3-10 所示，调整垫片的厚度使左右螺母间产生轴向位移，就可以达到消除间隙和产生预紧力的作用。这种结构简单可靠、刚性好，但调整费时，调整精度不高，且不能在使用中随时调整。

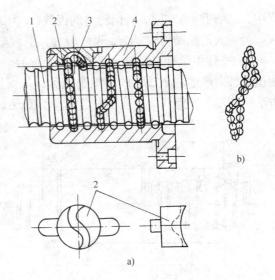

图 3-9　滚珠的内循环结构

1—丝杠　2—反向器　3—滚珠　4—螺母

2）双螺母螺纹式消隙。如图 3-11 所示，两个螺母以平键与螺母座相联，其中右边的一个螺母外伸部分有螺纹。两个圆螺母能使螺母相对丝杠作轴向移动，其中 1 为调整螺母，2 为锁紧螺母。这种结构调整方便，且可在使用过程中随时调整，但预紧力大小不易准确控制。

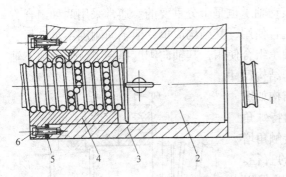

图 3-10　双螺母垫片式消隙

1—丝杠　2、4—螺母　3—螺母座　5—垫片　6—螺钉

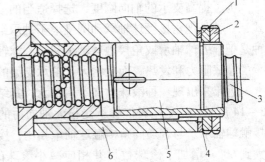

图 3-11　双螺母螺纹式消隙

1、2—圆螺母　3—丝杠　4—垫片　5—螺母　6—螺母座

3）双螺母齿差式消隙。如图 3-12 所示，在两个螺母的凸缘上分别制有齿数为 z_1、z_2 的圆柱齿轮，且齿数差 $z_1 - z_2 = 1$。两个内齿圈 1 和 4 与外齿轮齿数分别相同，并用螺钉和销钉固定在螺母座的两端。调整时先将内齿圈取下，根据间隙的大小将两个螺母分别向相同的方向转过一个或多个齿，使螺母在轴向移近相应的距离达到消除间隙的目的。间隙消除量 Δ 可用下式简便地计算

$$\Delta = \frac{zt}{z_1 z_2} \text{ 或 } z = \frac{\Delta z_1 z_2}{t}$$

式中，z 为两螺母在同一方向转过的齿数；t 为滚珠丝杠的导程；z_1、z_2 为齿轮的齿数。

齿差式消隙结构较复杂，尺寸较大，但调整方便可靠，可获得精确的调整量。

4）变螺距螺母式消隙。如图 3-13 所示，在螺母体内的两列循环滚珠链之间使内螺纹滚道在轴向产生一个 ΔL_0 的导程突变量，从而使两列滚珠在轴向错位实现预紧。这种消隙方法结构简单，但调整量须预先设定且不能改变。

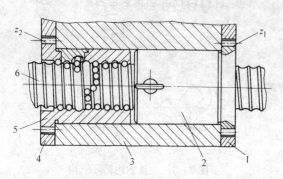

图 3-12 双螺母齿差式消隙

1、4—内齿圈 2、5—螺母 3—螺母座 6—丝杠

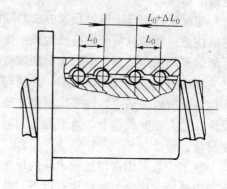

图 3-13 变螺距螺母式消隙

3. 滚珠丝杠的安装

滚珠丝杠的正确安装及其支承结构的刚度是影响数控机床进给系统传动刚度不可忽视的因素。滚珠丝杠安装不正确、支承结构刚度不足还会引起丝杠寿命下降。因此，螺母座的孔和螺母之间必须保持良好的配合，并应保证孔与端面的垂直度。螺母座应增加适当的肋板，并加大螺母座与机床结合部的接触面积，以提高螺母座的局部刚度和接触刚度。

为了提高支承的轴向刚度，选择适当的滚动轴承也是十分重要的。通常采用两种组合方式，一种是把角接触球轴承和圆锥滚子轴承组合使用，其结构简单，但轴向刚度不足。另一种是把推力球轴承或角接触球轴承和向心球轴承组合使用，其轴向刚度提高了，但增加了轴承的摩擦阻力和发热，而且增大了轴承支架的结构尺寸。

近年来出现一种滚珠丝杠专用轴承，其结构如图 3-14 所示。这是一种能够承受很大轴向力的特殊角接触球轴承。与普通的角接触球轴承相比，接触角增大到 60°，增加了滚珠数目并相应减小滚珠的直径。这种新结构的轴承比一般轴承的轴向刚度高两倍以上。产品成对出售，而且在出厂时已经选配好内外环的厚度，装配时只要用螺母和端盖将内环和外环压紧，就能获得出厂时已经调整好的预紧力，使用非常方便。

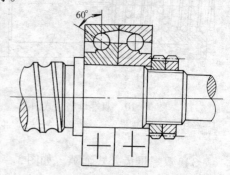

图 3-14 滚珠丝杠专用轴承

支承的安装和配置形式与丝杠的长短以及要达到的位移精度有关。一端固定，一端自由（见图 3-15a）的形式适用于丝杠较短以及滚珠丝杠垂直安装的场合。一端固定，一端简支（见图 3-15b）的形式可以防止热变形对丝杠伸长的影响。两端固定的结构（见图 3-15c、d），轴向刚度大，丝杠的热变形可转化为轴承的预紧力，适用于精度要求高的场合。

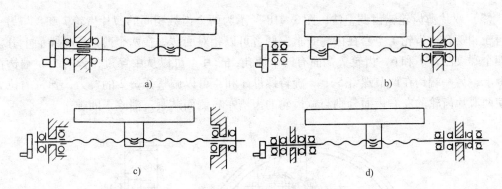

图 3-15　滚珠丝杠的支承方式

二、传动齿轮间隙的消除

数控机床的进给系统中常采用齿轮传动以达到一定降速比的要求。由于存在齿面误差，因此一对啮合着的齿轮总应有一定的齿侧间隙才能正常工作。但是齿侧间隙会造成进给系统的反向失动量，影响加工精度，所以数控机床的进给系统必须采用各种方法减少或消除齿轮传动间隙。

常用的消隙方法有刚性调整法和柔性调整法两种。刚性调整法调整后的齿侧间隙不能自动补偿。它要求严格控制齿轮的齿距公差及齿厚，否则影响转动的灵活性。这种调整法具有较好的传动刚度，结构较简单，但调整较费时。柔性调整法调整后的齿侧间隙可以自动补偿。它一般采用弹簧弹力的方法消除齿侧间隙，在齿轮齿厚和周节发生变化的情况下，仍能保持无间隙啮合。但这种调整方法结构复杂，传动刚度低，传动平稳性差。

1. 对直齿圆柱齿轮传动

（1）偏心套调整法　如图 3-16 所示，齿轮 1 装在电动机轴上，旋转偏心套 2 可以改变齿轮 1 和 3 之间的中心距，从而消除间隙。

（2）轴向垫片调整法　如图 3-17 所示，一对啮合的圆柱齿轮沿齿轮轴向制成一个较小的锥面，改变垫片 3 的厚度，就能改变齿轮 1 和 2 的轴向相对位置，从而消除齿侧间隙。

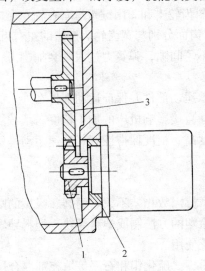

图 3-16　偏心套调整法

1、3—齿轮　2—偏心套

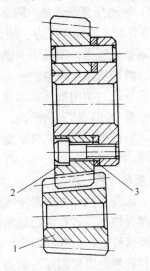

图 3-17　轴向垫片调整法

1、2—齿轮　3—垫片

（3）双片薄齿轮错齿调整法 图3－18所示为两个齿数相同的薄片齿轮7和8与另一个宽齿轮相啮合，齿轮7空套在齿轮8上，两者可以相对回转。在两个薄片齿轮端面上分别装有四个螺纹凸耳1和6，齿轮7端面有四个通孔，凸耳1可以从中穿过，弹簧2一端钩在凸耳1上，另一端钩在调节螺钉5上。旋转螺母3和4可以调整弹簧2的拉力，弹簧的拉力可以使两薄片齿轮的左右齿面分别与宽齿轮的齿槽左右侧面贴紧，消除了间隙。

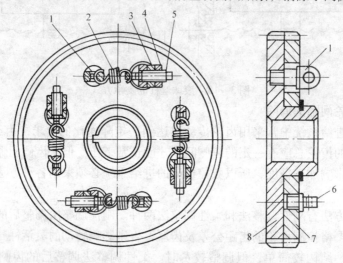

图3－18 双片薄齿轮错齿调整法
1、6—螺纹凸耳 2—弹簧 3、4—旋转螺母 5—调节螺钉 7、8—齿轮

2. 斜齿圆柱齿轮传动

（1）轴向垫片调整法 如图3－19所示，两个薄片斜齿轮1和2之间加一垫片3，改变垫片的厚度，薄片齿轮1和2的螺旋线就会错位，分别与宽斜齿轮4的齿槽左右侧面贴紧，消除了间隙。这种调整法无论正转、反转，均只有一个薄片齿轮承受载荷，故齿轮承载能力较小。

（2）轴向压簧调整法 图3－20所示为两个斜齿轮1和2用键4滑套在轴6上，用螺母5来调节弹簧3的轴向压力，使齿轮1和2的左右齿面分别与宽齿轮7齿槽的左右齿面贴紧。弹簧力调整应适当，使其能承受转矩，否则消除不了间隙，弹簧力过大则会加剧齿轮磨损。

三、数控机床常用导轨

机床导轨的功用就是支承和导向，也就是支承运动部件并保证运动部件在外力的作用下能准确地沿着一定的方向运动。导轨性能的好坏，直接影响机床的加工精度、承载能力和使用性能。数控机床对导轨有更高的要求：导向精度高、精度保持性好、低速运动平稳、不爬行。

1. 塑料导轨

在与床身导轨相配的滑座导轨上粘接上静动摩擦因数相差不大、耐磨、吸振的塑料软带构成贴塑导轨，或者在定动导轨之间采用注塑或涂塑的方法制成塑料导轨。塑料导轨具有良好的摩擦特性、耐磨性和吸振性，因此得到了广泛使用。

塑料软带是以聚四氟乙烯为基体，加入青铜粉、二硫化钼和石墨等填充剂混合烧结而成的。其缺点是承载能力低、尺寸稳定性较差。

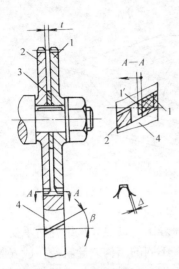

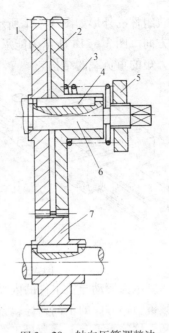

图 3 – 19 轴向垫片调整法 图 3 – 20 轴向压簧调整法
1、2—薄片斜齿轮 3—垫片 4—宽斜齿轮 1、2—斜齿轮 3—弹簧 4—键 5—螺母 6—轴 7—宽齿轮

导轨注塑材料是以环氧树脂为基体，加入二硫化钼和胶体石墨以及铁粉等混合而成的。
导轨注塑工艺简单，将注塑材料配以固化剂调匀后涂刮或注入导轨面，固化后将定动导轨分离即成塑料导轨副，一般称之为"涂塑导轨"或"注塑导轨"。这种导轨具有良好的摩擦特性和耐磨性，它比铸铁导轨副的摩擦因数低，在无润滑油的情况下仍有较好的防止爬行效果。其抗压强度比导轨软带高，尺寸稳定，因而可使用在大型、重型数控机床上。

2. 滚动导轨

滚动导轨就是在导轨工作面间放入滚柱、滚珠或滚针等滚动体，使导轨面间为滚动摩擦，可大大降低摩擦因数，提高运动的灵敏度。

滚动导轨由于摩擦因数小（一般为 0.0025 ~ 0.005），动、静摩擦因数很接近，且几乎不受运动速度变化的影响，因而运动轻便灵活，所需驱动功率小；摩擦发热小，磨损小，精度保持性好；低速运动时不易产生爬行现象，定位精度高，在数控机床上得到了广泛的应用。

滚动导轨的缺点是结构较复杂，抗振性差，制造较困难，因而成本较高。此外，滚动导轨对脏物较敏感，必须有良好的防护装置。

滚动导轨的结构形式有滚珠导轨、滚柱导轨、滚针导轨和直线滚动导轨块组件。滚珠导轨结构紧凑，制造容易，成本较低，但由于是点接触，因而刚度低、承载能力较小。滚柱导轨为线接触，承载能力和刚度比滚珠导轨大，但对导轨面的平行度要求较高，否则会引起滚柱的偏移和侧向滑动。由于滚针直径尺寸小，故滚针导轨结构紧凑，与滚珠导轨相比，可在同样长度上排列更多的滚针，因而承载能力比滚柱导轨大，但摩擦因数也要大一些，适用于尺寸受限制的场合。直线滚动导轨块组件由专业生产厂制造，精度很高，对机床安装基面要求不高，安装、调整都非常方便，在数控机床上的应用越来越广泛。

滚动导轨组件的外形如图 3-21 所示。两种滚动导轨组件结构上的区别在于所能承受负载的大小和方向。图 3-21a 所示为能承受倾覆力矩的中等负载的结构，图 3-21b 所示为不能承受倾覆力矩的重负载的结构。

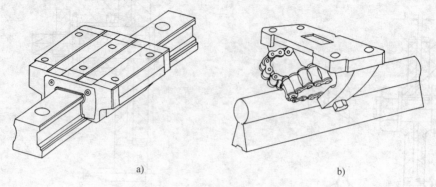

图 3-21　滚动导轨组件的外形图

图 3-22 所示为滚动导轨组件的内部结构和滚珠循环原理图。按照导轨组件所承受负载的大小和受倾覆力矩方向的不同，导轨条 7 可以设计成许多不同的结构。导轨条一般安装在机床的床身和立柱等支承面上。数量不等的滑块 5 安装在工作台和滑座等移动部件上，并沿导轨条作直线运动。

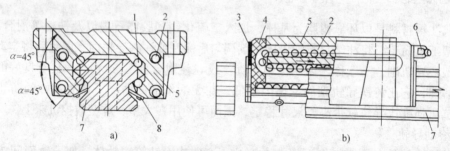

图 3-22　滚动导轨组件结构图

1—滚珠　2—回珠孔　3、8—密封垫　4—挡板　5—滑块　6—注润滑脂油嘴　7—导轨条

图 3-23 所示为滚动导轨组件的固定和侧向预紧结构，该滚动导轨组件在使用中具有便于安装和预紧的优点。与导轨和滑块安装的床身、立柱和工作台表面需要进行精确的加工，

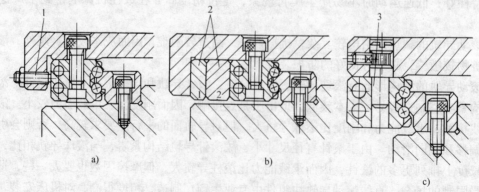

图 3-23　滚动导轨组件的侧向预紧

1—螺钉　2—垫块　3—偏心销

以保证安装面的直线度和平面度。在使用两个以上导轨条时，只能以其中的一个作为基准，其他为从动导轨，其安装如图3-24所示。

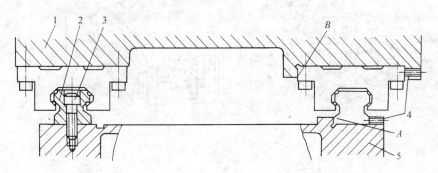

图3-24　滚动导轨组件的固定
1—移动件　2—导轨条　3—固定螺钉　4—定位预紧螺钉　5—支承件　A、B—定位面

第四节　自动换刀装置

随着自动化技术的发展，为进一步提高生产率、改进产品质量，大部分数控机床已采用了自动换刀装置，如数控车床上采用电（液）换位的自动刀架，有的还使用两个回转刀盘。加工中心则进一步采用了刀库和换刀机械手，实现了大容量存储刀具和自动交换刀具的功能，刀库安放刀具的数量从几十把到上百把，自动交换刀具的时间从十几秒减少到几秒甚至零点几秒。这种刀库和换刀机械手组成的自动换刀装置，也就成为了加工中心的主要特征。

自动换刀装置的刀库和换刀机械手，采用电气或液压驱动。目前，自动换刀装置主要用于加工中心和车削中心，但在数控磨床上自动更换砂轮、电加工机床上自动更换电极，以及数控冲床上自动更换模具等，也日渐增多。

自动换刀装置的功能是储备一定数量的刀具，并完成刀具的自动交换。因此，自动换刀装置应满足换刀时间短、刀具重复定位精度高、刀具储存量足够、刀库占地面积小及安全可靠等基本要求。

一、数控车床的自动换刀装置

数控车床主要采用回转刀盘，刀盘上安装8~12把刀。有的数控车床采用两个刀盘，实行四坐标控制，少数数控车床也采用刀库形式的自动换刀装置。图3-25a所示为刀盘中心与主轴中心线平行的回转刀盘，刀具与主轴中心线平行安装，回转刀盘既有回转运动又有横向进给运动（S_H）和纵向进给运动（S_Z）。图3-25b所示为刀盘中心线相对于主轴中心线倾斜的回转刀盘，刀盘上有6~8个刀位，每个刀位上可装两把刀具，分别加工外圆和内孔。图3-25c所示为装有两个刀盘的数控车床，刀盘1的回转中心与主轴中心线平行，用于加工外圆。刀盘2的回转中心与主轴中心线垂直，用于加工内表面。图3-25d所示为安装有刀库的数控车床，刀库可以是图示的链式，也可以是回转式，通过机械手交换刀具。图3-25e所示为装有鼓轮式刀库的车削中心，回转刀盘3上装有多把刀具，鼓轮式刀库4上可装6~8把刀具，机械手5可将刀库中的刀具换到刀具转轴6上，由电动机驱动回转轴进行铣削加工，7为回转头，可交换采用回转刀盘3和刀具转轴6，轮番进行加工。

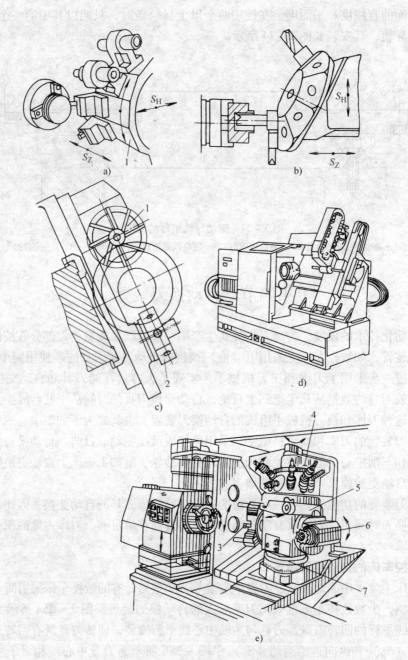

图 3 - 25 数控车床上的自动换刀装置

a)、b) 回转刀盘 c) 双回转刀盘 d) 链式刀库的数控车床 e) 鼓轮式刀库的数控车床

1、2—刀盘 3—回转刀盘 4—鼓轮式刀库 5—机械手 6—刀具转轴 7—回转头

二、加工中心的自动换刀装置

由于加工中心有立式、卧式、龙门式等几种，因此，不同加工中心上的刀库和换刀装置也各不相同。一般加工中心的刀库类型有鼓轮式刀库、链式刀库、格子箱式刀库和直线刀库等，如图 3 - 26 所示。

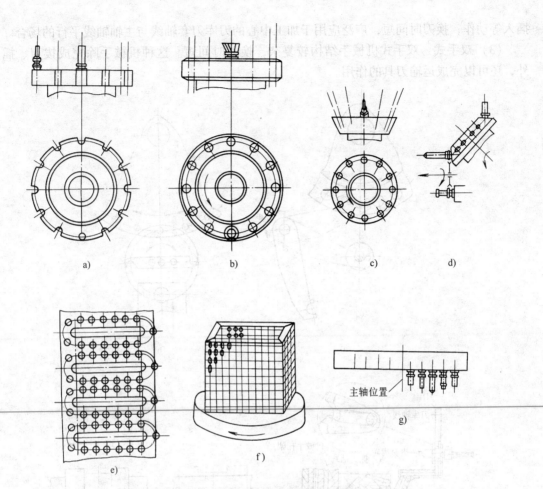

图 3 - 26　加工中心刀库的各种类型

a)、b)、c)、d) 鼓轮式刀库　e) 链式刀库　f) 格子箱式刀库　g) 直线式刀库

　　鼓轮式刀库应用广泛，它包括刀具轴线与鼓轮轴线两者平行、垂直或成锐角三种形式。鼓轮式刀库结构简单紧凑。但由于刀具单环排列、定向，刀库利用率低，大容量刀库的外径将较大，选刀运动时间长。因此，这种形式的刀库容量较小，一般不超过32把。

　　链式刀库容量较大，当采用多环链式刀库时，刀库外形较紧凑，占用空间较小，适用于做大容量的刀库。在增加存储刀具数量时，可增加链条长度，而不增加链轮直径，链轮的圆周速度不会增加。

　　格子箱式刀库容量较大、结构紧凑、空间利用率高，但布局不灵活。通常将刀库安放于工作台上。有时甚至在使用一侧的刀具主轴时，必须更换另一侧的刀座板。

　　直线式刀库结构简单，刀库容量较小，一般应用于数控车床、数控钻床，个别加工中心也有采用。

　　三、换刀机械手

　　换刀机械手分为单臂单手式、单臂双手式和双手式，如图 3 - 27 所示。

　　（1）单臂单手式　单臂单手式结构简单，换刀时间长。适用于刀具主轴与刀库刀套轴线平行、刀库刀套轴线与主轴轴线平行，以及刀库刀套轴线与主轴轴线垂直的场合。

　　（2）单臂双手式　单臂双手式机械手可同时抓住主轴和刀库中的刀具，并进行拔出、插入等动作，换刀时间短，广泛应用于加工中心的刀库刀套轴线与主轴轴线平行的场合。

（3）双手式　双手式机械手结构较复杂，换刀时间短。这种机械手除完成拔刀、插刀外，还可以完成运输刀具的作用。

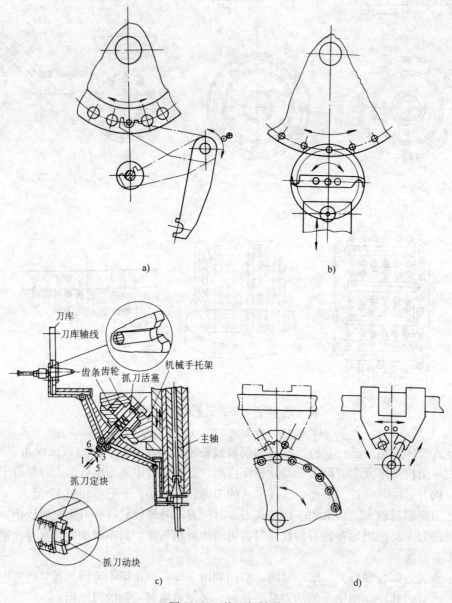

图3-27　换刀机械手
a）单臂单手式　b）、c）单臂双手式　d）双手式

习题与思考题

3-1　数控机床与一般金属切削机床相比，具有哪些主要工艺特点？由此对数控机床的机械结构提出了哪些要求？

3-2　什么是机床的刚度？机床刚度不足会造成什么不良后果？

3-3　什么是机床抗振性？如何提高机床的抗振性？

3 - 4　机床主传动系统的功能是什么？

3 - 5　数控机床进给系统有何特点？

3 - 6　滚珠丝杠副中的两种循环方式的结构区别和特点是什么？各适用于什么场合？

3 - 7　滚珠丝杠为什么要进行预紧？预紧原理是什么？预紧方式有哪几种？

3 - 8　滚珠丝杠的支承方式有哪几种？各适用于什么场合？

3 - 9　齿轮传动副实现消隙的方法有哪几种？刚性调整法和柔性调整法各有何特点？

3 - 10　数控机床常用导轨有哪几类？各有何特点？

3 - 11　滚动导轨有哪几种结构形式？

3 - 12　自动换刀装置的形式有哪些？分别是如何实现换刀的？各有何特点？

3 - 13　机械手有哪些种类？

3 - 14　刀库种类有哪些？如何选择刀库容量？

第四章 数控机床的伺服系统

第一节 概　述

一、伺服系统的基本概念

1. 伺服系统的概念

伺服系统是以机械位置和角度作为控制量的自动控制系统，又称随动系统、拖动系统或伺服机构。在数控机床中，CNC 系统经过插补运算生成的进给脉冲或进给位移量指令，被输入到伺服系统，并由伺服系统经变换和功率放大转化为机床机械部件的位移。

伺服系统是数控系统的重要组成部分，它既是数控机床 CNC 系统与刀具、主轴间的信息传递环节，又是能量放大与传递的环节，它的性能在很大程度上决定了数控机床的性能。例如，数控机床的最高移动速度、跟踪精度、定位精度等重要指标均取决于伺服系统的动态和静态性能。因此，研究与开发高性能的伺服系统一直是现代数控机床的关键技术之一。

2. 伺服系统的组成和工作原理

数控机床伺服系统的一般结构如图 4 - 1 所示。这是一个双闭环系统，内环是速度环，外环是位置环。速度环是由速度控制单元、速度检测装置、速度反馈电路等组成。其中用作速度反馈的检测装置为测速发电机、脉冲编码器等。速度控制单元是一个独立的单元部件，它由速度调节器、电流调节器及功率驱动放大器等部分组成。位置环由数控装置中位置控制模块、速度控制单元、位置检测及位置反馈电路等部分组成。位置控制主要是对机床运动坐标轴进行控制，轴控制是要求最高的位置控制，不仅对单个轴的运动速度和位置精度的控制有严格要求，在多轴联动时，还要求各移动轴有很好的动态配合，才能保证加工效率、加工精度和表面粗糙度。

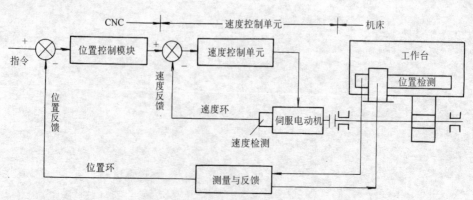

图 4 - 1　伺服系统结构原理图

图 4 - 1 中速度环中的速度检测装置（测速发电机）和速度反馈电路组成反馈回路，可实现速度恒值控制。测速发电机和伺服电动机同步旋转，若因外负载增大而使伺服电动机的

转速下降，则测速发电机的转速也随之下降，经速度反馈电路，把转速变化的信号转变为电信号，传送到速度控制单元，与输入信号进行比较，比较后的差值信号经放大后，产生较大的驱动电压，使伺服电动机转速上升，恢复到开始的调定转速，从而使伺服电动机排除负载变动的干扰，维持转速恒定不变。该原理图中，由速度反馈电路送出的转速信号在速度控制单元中进行比较，而由位置反馈电路送出的位置信号则是在位置控制模块中进行比较的。比较的形式也不相同，速度比较是通过硬件电路完成的，而位置比较是通过软件实现。

二、对伺服系统的基本要求

1. 精度高

伺服系统的精度是指输出量能复现输入量的精度程度。数控加工对定位精度和轮廓加工精度要求都比较高，定位精度一般为 0.01 ~ 0.001mm，甚至可达 0.1μm。轮廓加工精度与速度控制、联动坐标的协调一致等有关。在速度控制中，要求高的调速精度及比较强的抗负载扰动能力，即对静态、动态精度要求比较高。

2. 稳定性好

稳定是指系统在给定输入或外界干扰作用下，能在短暂的调节过程后，达到新的或者恢复到原来的平衡状态。要求伺服系统有较强的抗干扰能力，保证进给速度均匀、平稳。稳定性直接影响数控加工的精度和表面粗糙度。

3. 快速响应

快速响应是伺服系统动态品质的重要指标，它反映了系统的跟踪精度。为了保证轮廓加工的形状精度和低的表面粗糙度，要求伺服系统跟踪指令信号的响应要快。这一方面要求过渡过程时间要短，一般在 200ms 以内，甚至小于几十毫秒；另一方面要求超调小。这两方面的要求往往是矛盾的，实际应用中要采取相应措施，按加工工艺要求作出适当的选择。

4. 调速范围宽

调速范围 R_N 是指电动机能提供的最高转速 n_{max} 和最低转速 n_{min} 之比。通常

$$R_N = \frac{n_{max}}{n_{min}}$$

(1) 进给伺服系统的调速要求　在数控机床中，由于加工用刀具、被加工材料及工件加工要求的不同，为保证在任何情况下都能得到最佳切削条件，要求伺服系统具有足够宽的调速范围。目前，最先进的水平是，在进给速度范围已达到脉冲量为 0.001mm 的情况下，进给速度从 0 ~ 240m/min 连续可调。但对于一般数控机床而言，要求进给伺服系统在 0 ~ 24m/min 进给速度下都能工作就足够了，而且可以分为以下几种状态：

1）在 1 ~ 24000mm/min 范围，即 1:24000 调速范围内，要求速度均匀、平稳、无爬行，且速降要小。

2）在 1mm/min 以下时，具有一定的瞬时速度，而平均速度很低。

3）在零速时，即工作台停止运动时，要求电动机有电磁转矩，以维持定位精度满足系统的要求。也就是说，应处于伺服锁定状态。

(2) 主轴调速范围要求　主轴伺服系统主要是速度控制，它要求 1:100 ~ 1:1000 范围内的恒定转矩调速和 1:10 以上的恒功率调速，而且要保证足够大的输出功率。

5. 低速大转矩

机床加工的特点是，在低速时进行重切削。因此，要求伺服系统在低速时要有大的转矩

输出。进给坐标的伺服控制属于恒转矩控制；而主轴坐标的伺服控制在低速时为恒转矩控制，在高速时为恒功率控制。

三、伺服系统的分类

1. 按控制方式分类

伺服系统按控制方式可分为开环、半闭环和闭环三种。开环控制不需要位置检测及反馈，半闭环、闭环控制需要位置反馈。

（1）开环伺服系统　开环伺服系统就是不具有任何反馈装置的伺服系统。这种系统通常用步进电动机作为执行机构。数控装置根据所要求的进给速度和进给位移，输出一定频率和数量的进给指令脉冲，经过驱动电路放大后，每一个进给脉冲驱动步进电动机旋转一个步距角，再经过传动系统转换成工作台的一个当量位移。由于步进电动机及驱动电路本身结构的缘故，步进电动机开环伺服系统的功率不能太大，电动机转速也不能太高，一般正常工作转速不超过 1000r/min。开环伺服系统结构简单、易于控制，但精度差、低速不平稳、高速转矩小。一般用于轻载负载变化不大或经济型数控机床。图 4-2 所示为开环伺服系统示意图。

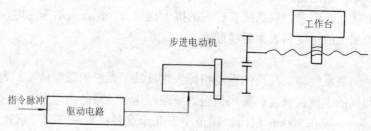

图 4-2　开环伺服系统示意图

（2）闭环伺服系统　闭环伺服系统是误差控制随动系统（见图 4-3）。数控机床进给系统的误差，是数控装置输出的位置指令和机床工作台（或刀架）实际位置的差值。闭环伺服系统需要有位置检测装置，检测执行元件运动的位置。该装置测出执行元件实际位移量或实际所处位置，并将测量值反馈给数控装置，与指令进行比较，求得误差，依此构成闭环位置控制。

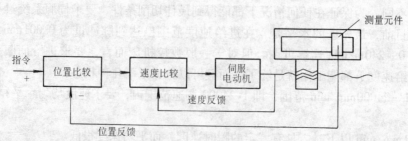

图 4-3　闭环伺服系统示意图

由于闭环伺服系统是反馈控制，反馈测量装置精度很高，所以系统传动链误差、环内各元件误差以及运动中造成的误差都可以得到补偿，从而大大提高了跟随精度和定位精度。目前，闭环系统的分辨率多为 1μm，定位精度可达 ±0.01 ~ ±0.05mm；高精度系统分辨率可达 0.1μm。系统精度只取决于测量装置的制造精度和安装精度。

（3）半闭环系统　位置检测元件不直接安装在进给坐标的最终运动部件上（见

图 4 - 4），而是中间经过机械传动部件的位置转换，称为间接测量，亦即坐标运动的传动链有一部分在位置闭环以外。在环外的传动误差没有得到系统的补偿，因而伺服系统的精度低于闭环系统。

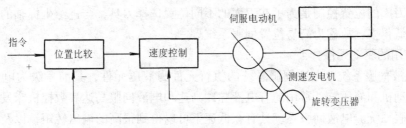

图 4 - 4 半闭环伺服系统示意图

半闭环和闭环系统的控制结构是一致的，不同点只是闭环伺服系统环内包括较多的机械传动部件，传动误差均可得以补偿，从理论上讲精度可以达到很高。但由于受机械变形、温度变化、振动以及其他因素的影响，系统稳定性难以调整。此外，机床运动一段时间后，由于机械传动部件的磨损、变形及其他因素的改变，容易使系统稳定性改变，精度发生变化。因此，目前使用半闭环系统较多。只在传动部件精密度高、性能稳定、使用过程温差变化不大的高精度数控机床上才使用闭环伺服系统。

2. 按使用直流伺服电动机和交流伺服电动机分类

（1）直流伺服系统　直流伺服系统常用的伺服电动机有小惯量直流伺服电动机和永磁直流伺服电动机（也称为人惯量宽调速直流伺服电动机）。小惯量直流伺服电动机最大限度地减少了电动机的转动惯量，所以能获得最好的快速性，在早期的数控机床上应用较多，现在也有应用。小惯量直流伺服电动机一般都设计成有高的额定转速和低的转动惯量，应用时要经过中间机械传动（如齿轮副）才能与丝杠相连接。

永磁直流伺服电动机能在较大过载转矩下长时间工作，并且电动机的转子惯量较大，能直接与丝杠相连而不需要中间传动装置。此外，它还有一个特点是可在低速下运转，如能在 1r/min 甚至 0.1r/min 下平稳地运转。因此，这种直流伺服系统在数控机床上获得了广泛的应用，20 世纪 70 年代至 80 年代中期，在数控机床上的应用占绝对统治地位。至今，仍有许多数控机床上使用这种电动机直流伺服系统。永磁直流伺服电动机的缺点是有电刷，因而限制了转速的提高（一般额定转速为 1000 ~ 1500r/min），而且结构复杂，价格较贵。

（2）交流伺服系统　交流伺服系统使用交流异步电动机（一般用于主轴伺服电动机）和永磁同步伺服电动机（一般用于进给伺服电动机）。由于直流伺服电动机存在一些固有的缺点，其应用受到限制。交流伺服电动机没有这些缺点，且转子惯量较直流电动机小，动态响应好。另外，在同样体积下，交流电动机的输出功率可比直流电动机提高 10% ~ 70%。交流电动机的容量也比直流电动机大，可以达到更高的电压和转速。因此，交流伺服系统得到了迅速发展，已经形成潮流。从 20 世纪 80 年代后期开始，数控机床大量使用交流伺服系统。目前有些国家已全部使用交流伺服系统。

3. 按进给驱动和主轴驱动分类

（1）进给伺服系统　进给伺服系统是指一般概念的伺服系统，它包括速度控制环和位置控制环。进给伺服系统完成各坐标轴的进给运动，具有定位和轮廓跟踪功能，是数控机床中要求最高的伺服控制。

（2）主轴伺服系统　严格来说，一般的主轴控制只是一个速度控制系统。主要实现主轴的旋转运动，提供切削过程中的转矩和功率，且保证任意转速的调节，完成在转速范围内的无级变速。具有 C 轴控制的主轴与进给伺服系统一样，为一般概念的位置伺服控制系统。

此外，刀库的位置控制是为了在刀库的不同位置选择刀具，与进给坐标轴的位置控制相比，性能要低得多，故称为简易位置伺服系统。

4. 按使用的驱动元件分类

（1）电液伺服系统　电液伺服系统的执行元件为液压元件，其前一级为电气元件。驱动元件为液动机和液压缸，常用的有电液脉冲马达和电液伺服马达。数控机床发展初期，多采用电液伺服系统。电液伺服系统具有在低速下可以得到很高的输出转矩，以及刚性好、时间常数小、反应快、速度平稳等优点。然而，液压系统需要油箱、油管等供油系统，体积大。此外，还有噪声、漏油等问题，故从 20 世纪 70 年代起逐渐被电气伺服系统代替。只在具有特殊要求时，才采用电液伺服系统。

（2）电气伺服系统　电气伺服系统全部采用电子器件，操作维护方便，可靠性高。电气伺服系统中的驱动元件主要有步进电动机、直流伺服电动机和交流伺服电动机。没有液压系统中的噪声、污染和维修费用高等问题，但反应速度和低速转矩不如液压系统高。随着科学技术的发展，电动机的驱动线路及电动机的结构得到了改善，性能也大大提高。目前，电气伺服系统已在大范围内取代了液压伺服系统。

第二节　常用伺服执行元件

为了满足数控机床对伺服系统的要求，对电气伺服系统的执行元件——伺服电动机也必须有较高的要求：

1）电动机在最低进给速度到最高进给速度范围内，都能平稳地运转。转矩波动小，尤其在最低转速时，如 0.1r/min 或更低转速时，仍有平稳的速度，而不出现爬行现象。

2）电动机应具有较长时间及较大的过载能力，以满足低速大转矩的要求。例如，电动机能在数分钟内过载 4~6 倍而不损坏。

3）为了满足快速响应的要求，即随着控制信号的变化，电动机应能在较短时间内完成必须的动作。快的反应速度直接影响到系统的品质。因此，要求电动机必须具有较小的转动惯量和大的堵转转矩，尽可能小的时间常数和起动电压；必须具有 $4000rad/s^2$ 以上的角加速度，才能保证在 0.2s 以内从静止起动到 1500r/min。

4）电动机应能承受频繁的起动、制动和反转。

常用的伺服执行元件主要有直流伺服电动机、交流伺服电动机、步进电动机和直接驱动电动机。

一、步进电动机

步进电动机可分为反应式步进电动机、永磁式步进电动机和永磁感应子式步进电动机三种。

1. 反应式步进电动机

反应式步进电动机又叫做可变磁阻式步进电动机。反应式步进电动机结构较简单，图 4-5a 所示为一台三相反应式步进电动机的结构原理。它的定子上有三对磁极，每一对磁极上绕着一相绕组，三相绕组接成星形；转子铁心及定子极靴上均有小齿，定转子齿距通常相等；定转子间有很小的气隙；转子铁心上没有绕组，转子齿数有一定限制，图4-5a所示的转子齿数为 $z_r = 40$，每一个齿距对应的空间角度为 $360°/40 = 9°$。

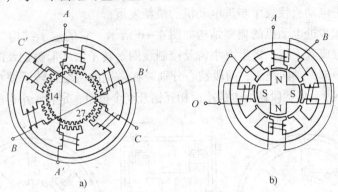

图4-5 步进电动机结构示意图

a）三相反应式步进电动机的结构原理 b）永磁式步进电动机的结构原理

反应式步进电动机可以做成不同的相数，例如4、5、6、8相等均可，其基本工作原理与三相时相同。

反应式步进电动机的特点：

1）步距角小，因为反应式步进电动机定转子是采用软磁材料制成的，在机械加工所能允许的最小步距情况下，转子的齿数可以做得很多。

2）励磁电流较大，要求驱动电源功率较大。

3）电动机的内部阻尼较小，当相数较少时，单步运行振荡时间较长。

4）断电后无定位转矩。

2. 永磁式步进电动机

永磁式步进电动机是转子或定子的某一方具有永久磁钢的步进电动机，另一方由软磁材料制成。绕组轮流通电，建立的磁场与永久磁钢的恒定磁场相互作用产生转矩。

永磁式步进电动机的结构原理如图4-5b所示。定子上为两相或多相绕组，转子为一极或多极的星形磁钢，转子磁钢的极数与定子（每相）绕组的极数相同。从图4-5b中可以看出，当定子绕组按 A→B→A 的次序轮流通电时，转子将按顺时针方向，每改变一次通电状态转过45°空间角度，即步距角为45°。

永磁式步进电动机的特点：

1）步距角大，一般为15°、22.5°、30°、45°、90°等。这是因为在一个圆周上能形成的磁极数受到极弧尺寸的限制，所以永磁式步进电动机的步距角不能太小，5°以下的很少见。

2）控制功率小，效率高。

3）内阻尼较大，单步振荡时间短。

4）断电后具有一定的定位转矩。

3. 永磁感应子式步进电动机

永磁感应子式步进电动机从其磁路内含有永久磁钢这点来看，可以说它是永磁式步进电动机。但因其结构不同，其作用原理以及性能都与永磁式步进电动机有明显的区别。从定子或转子的导磁性来看，又如同反应式和永磁式步进电动机的结合。所以常称此类电动机为混合式步进电动机。

永磁感应子式步进电动机可以制造成像反应式步进电动机一样的小步距，也具有永磁式步进电动机控制功率小的优点。永磁感应子式步进电动机常常也作为低速同步电动机运行。永磁感应子式步进电动机代表了步进电动机的最新发展。

永磁感应子式步进电动机的典型结构如图4-6所示。它的定子结构与反应式步进电动机基本相同，即分成若干极，极上有小齿及控制线圈。转子由环形磁钢及两段铁心组成，环形磁钢在转子的中部，轴向充磁，两段铁心分别装在磁钢的两端，转子铁心上也有反应式步进电动机那样的小齿，但两段铁心上的小齿相互错开半个齿距，定转子小齿的齿距通常相同。

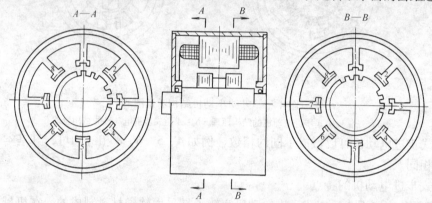

图4-6　永磁感应子式步进电动机结构示意图

二、直流伺服电动机

直流伺服电动机具有良好的调速特性，为一般交流电动机所不及。因此在数控机床进给伺服系统中广泛采用直流伺服电动机。

直流伺服电动机主要有以下几种：永磁式直流伺服电动机、小惯量直流伺服电动机、改进型直流伺服电动机和无刷直流伺服电动机等。应用较广泛的是永磁式直流伺服电动机和小惯量直流伺服电动机。

1. 永磁式直流伺服电动机

永磁式直流伺服电动机是指以永磁材料获得励磁磁场的一类直流电动机，也叫大惯量宽调速直流伺服电动机。

永磁式直流伺服电动机具有体积小、转矩大、转矩和电流成正比、伺服性能好、反应迅速、功率体积比大、功率质量比大、稳定性好等优点。永磁式直流伺服电动机能在较大过载转矩下长时间工作。它的转子惯量较大，可以直接与丝杠相连而不需要中间传动装置。永磁式直流伺服电动机的缺点是需要电刷，限制了电动机转速的提高，一般转速为 1000 ~ 1500r/min。在20世纪70~80年代，永磁式直流伺服电动机伺服系统是数控机床应用最广泛的一种电气伺服系统。

永磁式直流伺服电动机的结构与一般直流电动机相似，但电枢铁心长度与直径的比值大，气隙较小，在相同功率的情况下，转子惯量较小。

2. 小惯量直流伺服电动机

小惯量直流伺服电动机具有较小的转动惯量，适用于要求快速响应的伺服系统。但其过载能力低，电枢惯量与机械传动系统匹配较差。小惯量直流伺服电动机主要有以下几种类型：

（1）无槽电枢直流伺服电动机　无槽电枢直流伺服电动机的励磁方式为电磁式或永磁式，其电枢铁心为光滑圆柱体，电枢绕组用耐热环氧树脂固定在圆柱体铁心表面，气隙大。

无槽电枢直流伺服电动机除具有一般直流伺服电动机的特点外，还具有转动惯量小、时间常数小、换向良好等优点，一般用于需要快速动作、功率较大的伺服系统。

（2）空心杯电枢直流伺服电动机　空心杯电枢直流伺服电动机的励磁方式采用永磁式，其电枢绕组用环氧树脂浇注成杯形，空心杯电枢内外两侧均有铁心构成磁路。

空心杯电枢直流伺服电动机用于需要快速动作的电气伺服系统，如用在机器人的腕、臂关节及其他高精度伺服系统中。

（3）印制绕组直流伺服电动机　印制绕组直流伺服电动机的励磁方式采用永磁式，在圆霰绝缘薄板上，印制裸露的绕组构成电枢，磁极轴向安装，具有扇面极靴。印制绕组直流伺服电动机换向性能好，旋转平稳，时间常数小，具有快速响应特性，低速运转性能好，能承受频繁的可逆运转，适用于低速和起动、反转频繁的电气伺服系统，如机器人关节控制。

三、交流伺服电动机

交流伺服电动机没有直流伺服电动机上述的缺点，而且转子惯量比直流伺服电动机小，动态响应好。在同样体积下，交流伺服电动机的输出功率可比直流伺服电动机提高10% ~ 70%。交流伺服电动机的容量可以比直流伺服电动机大，达到更高的电压和转速。例如，SIEMENS公司生产的1FT5系列的永磁交流伺服电动机供电电压为600V，最高转速可达6000r/min。从20世纪80年代后期开始，交流伺服电动机逐渐替代直流伺服电动机占据主要地位。

交流伺服电动机又可分为永磁同步交流伺服电动机和感应式异步交流伺服电动机。

1. 同步交流伺服电动机

同步交流伺服电动机由永磁同步电动机、转子位置传感器、速度传感器等组成。永磁交流伺服电动机与永磁直流伺服电动机不同之处，在于用转子位置传感器取代了直流伺服电动机整流子和电刷的机械换向。因此，无此项维护要求，且没有机械换向造成的电火花，能用在有腐蚀性、易燃易爆气体的环境。

2. 异步交流伺服电动机

异步交流伺服电动机采用感应式电动机，它的笼型转子结构简单、坚固，电动机价格便宜，过载能力强。但与同步交流伺服电动机相比，其效率低、体积大，转子有较明显的损耗和发热，且需要供给无功励磁电流，因而要求驱动功率大。最困难的是控制系统非常复杂。

四、直接驱动电动机

直接驱动电动机就是将其与驱动的负载直接耦合在一起，中间不存在任何机械传动装置，是一种较为理想的驱动方式，也是机电一体化产品的最新成果。它具有很高的伺服刚度和传输效率，快速的动态响应和精确的定位精度。采用直接驱动伺服系统的机床和机器人具有非常简洁的机械结构。

与传统的驱动系统相比，直接驱动系统应具有以下特性：

1）由于直接驱动方式不存在任何减速装置，所以要求直接驱动电动机具有非常大的输出转矩和较低的转速。

2）在直接驱动方式中，电动机的转矩脉动将直接传输到负载上，产生不希望的振动，同时导致可控性降低。所以，一般应将直接驱动电动机的转矩脉动抑制在输出转矩的 5% ~ 10% 以内。

3）由于直接驱动方式不存在机械减速机构，所以系统具有非常低的机械阻尼，控制系统的阻尼性变坏。因此，必须在控制环路中加入阻尼措施。

4）由于增大了直接驱动电动机的转矩，相应增大了绕组中的电感，使电动机的电气时间常数变大，容易引起不稳定。为了补偿，电动机的功率放大器必须具有快速的动态响应来克服电动机的阻抗影响。

5）由于直接驱动方式没有减速机构，直接驱动电动机的控制系统必须具有很高的增益，但增益加大可能导致系统不稳定。

6）在直接驱动方式下，负载对电动机的干扰力明显加大，系统呈现出多变量非线性强耦合特性，从而使控制系统的设计复杂化。

7）在直接驱动方式下，负载的质量必须全部由电动机来承受，从而导致连续负载下，电动机及驱动器发热严重。

8）直接驱动方式中的位置检测和速度检测元件必须具有非常高的分辨率和精度。

9）由于需要直接驱动电动机具有较大的转矩，所以其体积一般较大。这在直接驱动应用最多的机器人上受到限制。所以，在设计上必须提高直接驱动电动机的转矩—质量比。

第三节　检测元件

一、对检测元件的要求

检测元件是闭环伺服系统的重要组成部分。它的作用是检测位置和速度，发送反馈信号，构成闭环控制。闭环系统的数控机床的加工精度主要取决于检测系统的精度。位移检测系统能够测量出的最小位移量称为分辨率。分辨率不仅取决于检测装置本身，也取决于测量线路。因此，研制和选用性能优越的检测装置是很重要的。

数控机床对检测装置的主要要求有：

1）工作可靠，抗干扰性强。

2）使用维护方便，适应机床的工作环境。

3）满足精度和速度的要求。

4）成本低。

不同类型的数控机床对检测装置的精度和适应的速度要求是不同的。大型机床以满足速度要求为主，中小型机床和高精度机床以满足精度要求为主。测量系统的分辨率要比加工精度高一个数量级。

二、检测元件的分类

根据检测元件的安装位置及机床运动部件的耦合方式，可分为直接测量和间接测量装置两种。间接测量精度低，需要增加补偿措施。图 4 - 7 所示为直接和间接测量的方法。从绝对测量和增量测量的角度分，可分为增量型和绝对型检测装置。从检测装置输出信号的类型分，又可分为数字式和模拟式两大类。

数控机床和机床数字显示装置常用的位置检测装置见表 4 - 1。

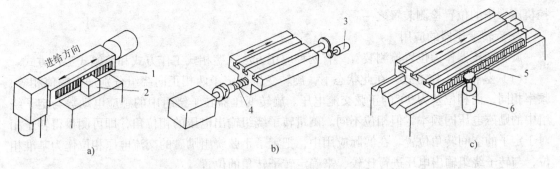

图 4 – 7　直接和间接位置测量法

a）直接位置测量　b）通过进给丝杠的间接位置测量　c）通过测量齿条的间接位置测量
1—刻度尺　2—位置测量系统　3、6—旋转角传感器　4—滚珠丝杠　5—测量齿条

表 4 –1　位置检测装置分类

	增　量　型	绝　对　型
回　转　型	脉冲编码器 旋转变压器 圆感应同步器 圆光栅，圆磁栅	多速旋转变压器 绝对脉冲编码器 三速圆感应同步器
直　线　型	直线感应同步器 磁尺，激光干涉仪	三速感应同步器 绝对值式磁尺

　　数控机床除了进行位置检测外，还要进行速度检测。其目的是精确地控制转速。速度检测装置常用测速发电机、回转式脉冲发生器、脉冲编码器和"频率—电压变换"回路产生速度检测信号。

三、旋转变压器

1. 旋转变压器的结构

　　旋转变压器是一种小型精密交流电动机，结构与二相线绕式异步电动机相似，由定子和转子组成，分有刷结构和无刷结构两种。在有刷结构中，定子与转子上均为两相交流分布绕组。二相绕组轴线相互垂直，转子绕组的端点通过电刷和集电环引出。无刷旋转变压器没有电刷与集电环，由两大部分组成：一部分叫做分解器，其结构与有刷旋转变压器基本相同；另一部分叫变压器，它的一次绕组绕在与分解器转子轴固定在一起的线轴（高导磁材料）上，与转子一起转动；它的二次绕组绕在与转子同心的定子轴线上。分解器定子线圈接外加的励磁电压，它的转子线圈输出

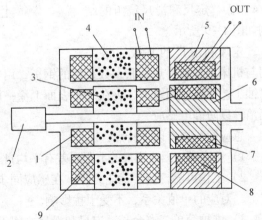

图 4 – 8　无刷旋转变压器结构示意图
1—分解器转子线圈　2—转子轴　3—分解器转子
4—分解器定子　5—变压器定子　6—变压器转子
7—变压器一次绕组　8—变压器二次绕组
9—分解器定子线圈

信号接在变压器的一次绕组，从变压器的二次绕组引出最后的输出信号。无刷旋转变压器结构如图 4 – 8 所示，它具有可靠性高、寿命长、不用维修以及输出信号大等特点，是数

控机床常用的位置检测装置之一。

2. 旋转变压器的应用

旋转变压器作为位置检测装置，有两种应用方法：鉴相式工作方式和鉴幅式工作方式。

（1）鉴相式工作方式　在此状态下，旋转变压器定子两相正向绕组分别加上幅值相等、频率相同，而相位差为90°的正弦交流电压。旋转变压器转子绕组中的感应电动势与定子绕组中的励磁电压同频率，但相位不同。测量转子绕组输出电压的相位角，即可测量得转子相对于定子的空间转角位置。在实际应用中，把定子正弦绕组励磁的交流电压相位作为基准相位，与转子绕组输出电压进行比较，来确定转子转角的位置。

（2）鉴幅式工作方式　在这种工作方式中，定子二相绕组加的是频率相同、相位角相同，而幅值分别按正弦、余弦变化的交流电压。

四、感应同步器

感应同步器是一种电磁感应式的高精度位移检测装置，实质上，它是多极旋转变压器的展开形式。感应同步器分为旋转式和直线式两种，前者用于角度测量，后者用于长度测量，两者工作原理相同。

直线式感应同步器由定尺和滑尺两部分组成。定尺与滑尺之间有均匀的气隙，在定尺表面制有连续平面绕组，绕组节距为P。滑尺上制有两组分段绕组，分别称为正弦绕组和余弦绕组，它们相对于定尺绕组在空间错开1/4节距。定尺和滑尺绕组的结构如图4-9所示。

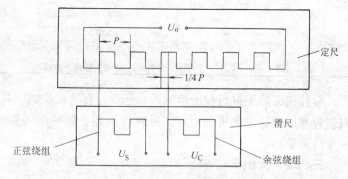

图4-9　定尺、滑尺绕组示意图

定尺和滑尺的基板通常采用与机床床身材料热膨胀系数相近的钢板，用绝缘粘结剂把铜箔粘在钢板上，经精密的照相腐蚀工艺制成印制绕组，再在尺子表面上涂一层保护层。滑尺表面有时还粘上一层带绝缘的铝箔，以防静电感应。

感应同步器有以下特点：

1）精度高。因为定尺的节距误差有平均自补偿作用，所以尺子本身的精度能做得很高。

2）工作可靠，抗干扰能力强。在感应同步器绕组的每个周期内，测量信号与绝对位置有一一对应的单值关系，不受干扰影响。

3）维护简单，寿命长。定尺和滑尺之间无接触磨损，在机床上安装简单。使用时需要加防护罩，防止切屑进入定、滑尺之间划伤导片，不受灰尘、油雾影响。

4）测量距离长。可测量长距离位移。机床移动基本不受限制，故适合大、中型机床使用。

5）成本低，易于生产。

6）与旋转变压器相比，感应同步器的输出信号比较微弱，需要一个放大倍数很高的前置放大器。

按供给滑尺两个正交绕组励磁的不同信号，感应同步器的测量方式分为鉴相测量方式和鉴幅测量方式。

五、脉冲编码器

脉冲编码器是一种旋转式脉冲发生器，能把机械转角转化成脉冲，是数控机床上使用很广泛的位置检测装置。同时也可作为速度检测装置用于速度检测。

脉冲编码器分光电式、接触式和磁感应式三种。从精度和可靠性方面来看，光电式脉冲编码器优于其他两种。数控机床上主要用光电式脉冲编码器。

脉冲编码器是一种增量检测装置，它的型号是由每转发出的脉冲数来区分。数控机床上常用的脉冲编码器有 2000p/r、2500p/r 和 3000p/r 等。在高速、高精度数字伺服系统中，应用高分辨率的脉冲编码器，如2000p/r、2500p/r 和 3000p/r 等。现在已使用了每转发10万个脉冲的脉冲编码器，该编码器装置内部应用了微处理器。

光电脉冲编码器的结构如图 4 – 10 所示，在一个圆盘的圆周上刻有等间距线纹，分为透明和不透明的部分，称为圆光栅。圆光栅与工作轴一起旋转。与圆光栅相对的、平行放置一个固定的扇形薄片，称为指示光栅，上面制有相差 1/4 节距的两个狭隙（在同一周上，称为辨向狭隙）。此外，还有一个零位狭隙（移转发出一个脉冲）。脉冲编码器通过十字连接头或键与伺服电动机相连，它的法兰盘固定在电动机端面上，罩上防护罩，构成一个完整的检测装置。

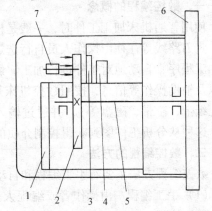

图 4 – 10　光电脉冲编码器结构示意图
1—电路板　2—圆光栅　3—指示光栅
4—光敏元件　5—轴　6—连接法兰　7—光源

习题与思考题

4 – 1　闭环伺服系统包括哪些环节？各起什么作用？
4 – 2　简述直流伺服系统与交流伺服系统在结构和性能上的区别。
4 – 3　简述数控机床主轴驱动的要求。
4 – 4　简述伺服系统的发展方向。
4 – 5　数控机床的位置检测元件有哪些种类？

第五章 数控编程基础

第一节 数控编程概述

一、数控编程的概念

使用普通机床加工工件时，一般是根据工艺规程或工艺过程卡确定加工表面，但切削用量、走刀路线等往往由操作人员自行选定。使用数控机床加工工件时，则是按照事先编制好的加工程序，自动地对工件进行加工。编程人员把加工工件的工艺过程、运动轨迹、工艺参数以及辅助操作等信息，按照数控机床规定的指令代码及程序格式记录在控制介质上（如穿孔纸带、磁带、磁盘等），并通过输入装置输入到数控系统中，使数控机床进行自动加工。这种从分析工件图到获得控制介质的全过程叫数控程序的编制。

二、数控编程的方法

数控编程方法主要有手工编程和自动编程两种。

（1）手工编程 由操作者或编程人员以人工方式完成整个加工程序编制工作的方法，称为手工编程。

对于点位加工或由直线及圆弧组成的简单轮廓加工，计算比较简单，程序段不多，采用手工编程较为合适。但对于形状复杂的工件，特别是具有非圆曲线、列表曲线及多维曲面的工件，需要进行繁琐的计算，程序段很多，易出错也难以校核，有的甚至无法用手工计算，此时要采用自动编程。

（2）自动编程 自动编程时，程序员根据工件图样的要求，使用数控语言编写工件的源程序，输入计算机，由计算机自动计算刀具轨迹，编写工件加工程序单、制作穿孔纸带等。自动编程借助于计算机强大的数字、图形处理功能，使得一些计算复杂、手工编程困难或无法编出的程序能够得以实现。从而降低了程序员的劳动强度，提高了编程效率，减少了出错机率。

三、编程内容和步骤

以手工编程为例说明。

（1）分析工件图样 通过对工件轮廓形状、有关尺寸精度、形位公差、表面粗糙度及材料和热处理等要求的分析，确定合适的加工机床。

（2）确定加工工艺过程 在分析工件图样的基础上，确定零件的加工工艺过程，包括确定定位方式，选用工夹具，确定对刀方法、对刀点，选择走刀路线，确定加工余量，切削用量等。在数控机床上加工工件时，工序十分集中，往往一次装夹就能完成全部工序。在确定工艺过程时要注意充分发挥机床的效能。

（3）数值计算 包括各线段的起点、终点、节点、圆弧圆心等坐标的计算及对拟合误差的分析等。

（4）编写程序单 程序员根据工艺过程、数值计算结果以及辅助操作要求，按照数控系统规定的程序格式填写工件的加工程序单。

（5）制作控制介质　程序员根据程序单制作控制介质。我国数控机床上使用的控制介质一般是穿孔纸带。

（6）程序校验与首件试切　程序单和制备好的控制介质必须经过校验和试切才能正式使用。一种校验方法是进行空行程校验。另一种方法是利用数控系统在显示屏上进行模拟加工，检查刀具运动轨迹的图形，以及刀具与夹头、尾座等是否有运动干涉。检查完毕后，可进行首件试切。只有首件通过检验，符合工件的质量要求后，才可认为穿孔纸带无误，正式投入生产使用。

四、数控编程中有关标准及代码

数控代码是数控装置传递信息的语言，也是字符在控制介质上的编码。程序单中给出的字符都按规定的代码穿出孔来。有孔表示二进制"1"，无孔表示二进制"0"。根据穿孔纸带上一排孔有、无状态的不同，便可得到不同的信息。现在数控机床多采用八单位穿孔纸带（见第一章）。

目前常用的代码有：国际标准化组织（ISO）标准和美国电子工业学会（EIA）标准。ISO代码为偶数码，它的特点是穿孔纸带上每一排孔的孔数必须为偶数。其第八列为偶校验位，当某个代码的孔数为奇数时，就在该代码行的第八列穿一个孔，使孔的总数为偶数。EIA代码为奇数码，其第五列为补奇孔。补偶与补奇的目的是为了检验数控机床在读入程序时穿孔纸带是否有少穿孔、破孔的现象。若有问题，控制系统就会报警，并命令停机。

五、程序的结构与格式

每一种数控系统，都有一定的程序格式。一般来说，不同的数控机床，其程序格式也不同，所以编程人员在编程之前必须充分了解具体机床的程序格式。

1. 程序的结构

一个完整的程序由程序号、程序内容和程序结束三部分组成。例如：

```
O0030                          程序号
N0001 G92 X－40.0 Y－40.0;
N0002 G90 G00 X0 Y0 S800 M03;
N0003 G01 X50.0 F200;
N0004 Y30.0;                   程序内容
N0005 X0;
N0006 Y0;
N0007 G00 X－40.0 Y－40.0;
N0008 M02;                     程序结束
```

（1）程序号　程序号的作用是区别存储器中的程序，就好像我们在计算机中建立的文件名。在EIA代码系统中一般采用英文字母O加上几位数字组成。

（2）程序内容　程序内容是整个程序的核心，由许多程序段组成，每个程序段有一个或多个指令。由它指导数控机床动作。

（3）程序结束　以指令M02（用纸带时M30）作为整个程序结束的标志。

2. 程序段格式

程序段是代表控制信息的字的集合。以某个顺序排列的字符集合称为字。控制信息是以字为单位进行处理的。在一个程序段中，字的书写规则称为程序段格式。目前广泛应用的是文字—地址程序段格式，这种格式由语句号字、数据字和程序段结束等组成。各字前有地址，各字的排列顺序要求不严格，数据的位数可多可少，使用非常方便。

文字—地址程序段格式如下：

N—G—X—Y—Z—……F—S—T—M—；

文字地址符的说明：

（1）程序段号 N　程序段号代表程序段的序号，用来检索程序段。程序段号一般位于程序段之首，用地址码 N 和后面的若干位数字表示。

（2）准备功能字 G　准备功能指令由字母 G 和后续两位数字组成，它表示不同的机床操作动作。我国 JB/T 3208—1999 标准规定了从 G00 到 G99 共一百种代码（见表 5 - 1）。G

表 5 -1　JB/T 3208—1999 准备功能 G 代码

代 码 (1)	功能保持到被取消或被同样字母表示的程序指令所代替 (2)	功能仅在所出现的程序段有作用 (3)	功　能 (4)	代 码 (1)	功能保持到被取消或被同样字母表示的程序指令所代替 (2)	功能仅在所出现的程序段有作用 (3)	功　能 (4)
G00	a		点定位	G50	# (d)	#	刀具偏置 0/ -
G01	a		直线插补	G51	# (d)	#	刀具偏置 +/ 0
G02	a		顺时针方向圆弧插补	G52	# (d)	#	刀具偏置 -/ 0
G03	a		逆时针方向圆弧插补	G53	f		直线偏移，注销
G04		*	暂停	G54	f		直线偏移 X
G05	#	#	不指定	G55	f		直线偏移 Y
G06	a		抛物线插补	G56	f		直线偏移 Z
G07	#	#	不指定	G57	f		直线偏移 XY
G08		*	加速	G58	f		直线偏移 XZ
G09		*	减速	G59	f		直线偏移 YZ
G10 ~ G16	#	#	不指定	G60	h		准确定位 1（精）
G17	c		XY 平面选择	G61	h		准确定位 2（粗）
G18	c		ZX 平面选择	G62	h		快速定位（粗）
G19	c		YZ 平面选择	G63		*	攻螺纹
G20 ~ G32	#	#	不指定	G64 ~ G67	#	#	不指定
G33	a		螺纹切削，等螺距	G68	# (d)	#	刀具偏置，内角
G34	a		螺纹切削，增螺距	G69	# (d)	#	刀具偏置，外角
G35	a		螺纹切削，减螺距	G70 ~ G79	#	#	不指定
G36 ~ G39	#	#	永不指定	G80	e		固定循环注销
G40	d		刀具补偿/刀具偏置注销	G81 ~ G89	e		固定循环
G41	d		刀具补偿—左	G90	j		绝对尺寸
G42	d		刀具补偿—右	G91	j		增量尺寸
G43	# (d)	#	刀具偏置—正	G92		#	预置寄存
G44	# (d)	#	刀具偏置—负	G93	k		时间倒数，进给率
G45	# (d)	#	刀具偏置 +/ +	G94	k		每分钟进给
G46	# (d)	#	刀具偏置 +/ -	G95	k		主轴每转进给
G47	# (d)	#	刀具偏置 -/ -	G96	i		恒线速度
G48	# (d)	#	刀具偏置 -/ +	G97	i		每分钟转数（主轴）
G49	# (d)	#	刀具偏置 0/ +	G98 ~ G99	#	#	不指定

注：1. #号，如选作特殊用途，必须在程序格式说明中说明。

2. 如在直线切削控制中没有刀具补偿，则 G43 ~ G52 可指定作其他用途。

3. 表中左栏括号中的字母（d）表示：可以被同栏中没有括号的字母 d 所注销或代替，也可被有括号的字母（d）所注销或代替。

4. G45 ~ G52 的功能可用于机床上任意两个预定坐标。

5. 控制机上没有 G53 ~ G59、G63 功能时，可以指定作其他用途。

代码分为模态代码和非模态代码。模态代码表示该代码一经在某一个程序段中指定，直到以后程序段中出现同一组的另一代码才失效。而非模态代码只在指令出现的程序段中才有效。

标准中"不指定"代码，用作修订标准时指定新功能。"永不指定"代码，说明标准中永不使用。这两类 G 代码，可以由机床数控系统生产厂商自行定义新功能，但必须在系统的操作说明书中予以说明。

（3）尺寸字 X、Y、Z 等　尺寸字用来给定机床坐标轴位移的方向和数值，它由地址码、正负号及数值构成。

尺寸字的地址码主要有用于指定到达点的直线坐标尺寸的 X、Y、Z、U、V、W、P、Q、R；用于指定到达点角度坐标的 A、B、C；用于指定零件圆弧轮廓的圆心坐标尺寸 I、J、K；用于指令补偿号的 D、H 等。

（4）进给功能字 F　进给功能字用来规定机床进给速度。它的表示方法主要有每分钟进给量（mm/min）和每转进给量（mm/r）。进给速度一经指定，对后续程序都有效，一直到指令新的进给速度为止。

（5）主轴功能字 S　主轴功能字用于指定主轴转速。主轴转速指定后，对后续程序段都有效，一直到它的指令值改变为止。主轴转速的指令方法有：指定每分钟转数（r/min），指定切削速度（m/min）。

（6）刀具功能字 T　该功能用于指令加工中所用刀具号及自动补偿号。其自动补偿主要指刀具的刀位偏差、刀具长度补偿及刀具半径补偿。

（7）辅助功能字 M　辅助功能字用以指令数控机床中辅助装置的开关动作或状态。如主轴的转、停，切削液的开、关，刀具的更换等。M 指令有 M00 ~ M99 共 100 种，见表 5-2。

表 5-2　JB/T 3208—1999 辅助功能代码

代码	功能开始时间		功能保持到被注销或被适当程序指令代替	功能仅在所出现的程序段内有作用	功能	代码	功能开始时间		功能保持到被注销或被适当程序指令代替	功能仅在所出现的程序段内有作用	功能
	与程序段指令运动同时开始	在程序段指令运动完成后开始					与程序段指令运动同时开始	在程序段指令运动完成后开始			
(1)	(2)	(3)	(4)	(5)	(6)	(1)	(2)	(3)	(4)	(5)	(6)
M00				*	程序停止	M08	*			*	1号切削液开
M01		*		*	计划停止	M09		*	*		切削液关
M02		*		*	程序结束	M10	#	#	*		夹紧
M03	*		*		主轴顺时针方向	M11	#	#	*		松开
						M12	#	#	#	#	不指定
M04	*		*		主轴逆时针方向	M13	*		*		主轴顺时针方向，切削液开
M05		*	*		主轴停止						
M06	#	#		*	换刀	M14	*		*		主轴逆时针方向，切削液开
M07	*		*		2号切削液开						

（续）

代码	功能开始时间		功能保持到被注销或被适当程序指令代替	功能仅在所出现的程序段内有作用	功能	代码	功能开始时间		功能保持到被注销或被适当程序指令代替	功能仅在所出现的程序段内有作用	功能
	与程序段指令运动同时开始	在程序段指令运动完成后开始					与程序段指令运动同时开始	在程序段指令运动完成后开始			
（1）	（2）	（3）	（4）	（5）	（6）	（1）	（2）	（3）	（4）	（5）	（6）
M15	*			*	正运动	M50	*		#		3 号切削液开
M16	*			*	负运动	M51					4 号切削液开
M17~M18	#	#	#	#	不指定						
M19		*	#		主轴定向停止	M52~M54	#	#	#	#	不指定
M20~M29	#	#	#	#	永不指定	M55	*		#		刀具直线位移，位置1
M30		*		*	纸带结束	M56	*		#		刀具直线位移，位置2
M31	#			*	互锁旁路	M57~M59	#	#	#	#	不指定
M32~M35	#	#	#	#	不指定	M60		*		*	更换工件
M36	*		#		进给范围1	M61	*			*	工件直线位移，位置1
M37	*		#		进给范围2	M62	*			*	工件直线位移，位置2
M38	*		#		主轴速度范围1	M63~M70	#	#	#	#	不指定
M39	*		#		主轴速度范围2	M71	*			*	工件角度位移，位置1
M40~M45	#	#	#	#	如有需要作为齿轮换档，此处不指定	M72	*			*	工件角度位移，位置2
M46~M47	#	#	#	#	不指定	M73~M89	#	#	#	#	不指定
M48		*	*		注销 M49	M90~M99	#	#	#	#	永不指定
M49	*		#		进给率修正旁路						

注：1. *号表示：如选作特殊用途，必须在程序说明中说明。

2. M90~M99 可指定为其他用途。

（8）程序段结束　写在每一程序段之后，表示程序段结束。当用 EIA 标准代码时，结束符为"CR"，ISO 标准代码使用"NL"或"LF"，有的用符号"；"或"*"表示。

第二节　数控机床的坐标系

一、数控机床的坐标轴

规定数控机床的坐标轴，是为了准确地描述机床的运动，简化程序的编制方法，并使所编程序具有互换性。数控机床坐标轴的指定方法已标准化，我国在 JB/T 3051—1999 中规定了各种数控机床的坐标轴和运动方向。

1. 坐标轴和运动方向命名的原则

1) 标准的坐标系采用右手直角笛卡儿坐标系, 如图 5 - 1 所示。大拇指的方向为 X 轴正方向, 食指为 Y 轴的正方向, 中指为 Z 轴的正方向。

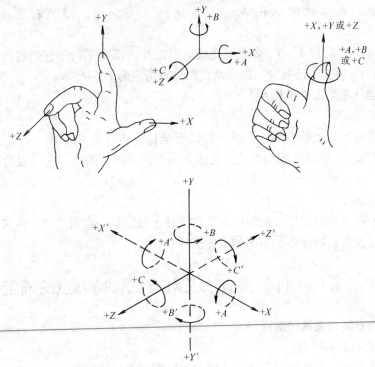

图 5 - 1   右手直角笛卡儿坐标系

2) 永远假定刀具相对于静止的工件而运动。

3) 标准规定: 机床某一部件运动的正方向, 是增大工件和刀具之间距离的方向。

4) 机床旋转坐标运动的正方向是按照右旋螺纹旋入工件的方向。

2. 坐标轴的指定

(1) Z 轴

1) Z 轴是首先要指定的轴。规定机床的主轴为 Z 轴, 由它提供切削功率。

2) 如果机床没有主轴 (如数控刨床), 则取 Z 轴为垂直于工件装夹表面方向。

3) 如果一个机床有多个主轴, 则取常用的主轴为 Z 轴。

(2) X 轴

1) X 轴通常是水平轴, 它平行于工件的装夹表面。

2) 对于工件旋转的机床 (如车床), X 轴的方向取水平的径向。其正方向为刀具远离工件旋转中心的方向。

3) 对于刀具旋转的机床, 若 Z 轴是垂直的, 当从主轴向立柱看时, X 轴正方向指向右; 若 Z 轴是水平的, 当从主轴向工件方向看时, X 轴正方向指向右。

4) 对刀具和工件均不旋转的机床, X 坐标平行于主要切削方向, 并以切削方向为正方向。

(3) Y 轴

1）Y轴垂直于X、Z轴。

2）Y轴根据X、Z轴，按照右手直角笛卡儿坐标系确定。

（4）旋转坐标A、B、C　A、B、C分别表示其轴线平行于X、Y、Z轴的旋转坐标。A、B、C的正方向，相应地表示在X、Y、Z坐标正方向上，按照右旋螺纹前进的方向。

（5）附加坐标　若在X、Y、Z主要直线运动之外，还有平行于它们的运动，可分别将它们指定为U、V、W，若还有第三组运动，则分别指定为P、Q、R。

二、机床坐标系与工件坐标系

1. 机床坐标系

机床坐标系是机床上固有的坐标系，并设有坐标原点（在机床出厂时，此原点已被设定），称为机床原点。所谓机床原点是指机床上一个固定不变的点，它一般为各个坐标轴移动的极限位置。

2. 工件坐标系

工件坐标系在编程时使用，由编程人员在工件上设定某一点为原点，在其上建立工件坐标系。同样的工件可以建立多种不同的工件坐标系。

第三节　工件装夹方法及对刀点、换刀点的确定

一、工件的安装与夹具的选择

1. 定位安装的基本原则

在数控机床上加工工件时，定位安装的基本原则与普通机床相同，也要合理选择定位基准和夹紧方案。为了充分发挥数控机床的高速度、高效率的效能，在确定定位基准与夹紧方案时应注意以下几点：

1）应具有较高的定位精度。定位基准尽量与设计基准、工艺基准、编程计算的基准保持一致，以减小定位误差。

2）尽量减少装夹次数，尽可能在一次定位装夹后，加工出全部待加工面。

3）避免采用占机人工调整式加工方案，以充分发挥数控机床的效能。

2. 选择夹具的基本原则

1）要保证夹具的坐标方向与机床坐标方向相对固定。

2）力求结构简单，并大力推广组合夹具、可调式夹具及其他通用夹具，以缩短生产准备时间、节省生产费用。

3）工件的装卸要快速、方便、可靠，以缩短辅助时间。

4）夹具上各零件应不妨碍机床对工件各表面的加工，即夹具要敞开，其定位、夹紧机构等不能影响加工中的走刀。

5）尽量采用液压、电动和气动方式进行控制和调整的夹具。

3. 常用夹具的类型

（1）组合夹具　组合夹具俗称积木式夹具，是一种标准化程度及精度都较高的通用夹具，主要适用于数控铣床加工。

（2）多工位夹具　多工位夹具可同时装夹多个工件，有利于缩短生产准备时间，提高

生产率，主要用于加工中心等机床上进行中等批量的工件加工。

（3）液压、电动及气动夹具　这类夹具便于自动控制定位和夹紧，其应用范围较宽。如数控车床上的液压卡盘。

二、对刀点与换刀点的确定

在编写数控加工程序时，应正确地选择对刀点和换刀点的位置。对刀点就是数控机床在加工工件时，刀具相对于工件运动的起点。由于程序段从该点开始执行，所以对刀点又称为程序起点或起刀点。

对刀点的选择原则是：①便于用数字处理和简化程序编制；②在机床上找正容易，加工中便于检查；③引起的加工误差小。

对刀点可选在工件上，也可以选在工件外。但必须与工件的定位基准有一定的尺寸关系。如图5-2中的 X 和 Y 坐标，这样才能确定机床坐标系与工件坐标系的关系。

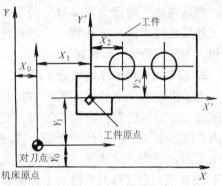

图 5-2　对刀点的设定

为了提高加工精度，对刀点应尽量选在工件的设计基准或工艺基准上。如以孔定位的工件，可选孔的中心作为对刀点。刀具的位置则以此孔来找正，使对刀点和刀位点重合。工厂常用的找正方法是将千分表装在机床主轴上，转动机床主轴，使刀位点与对刀点一致。一致性越好，对刀精度越高。所谓刀位点是指车刀、镗刀的刀尖，钻头的钻尖，立铣刀、端铣刀头底面的中心，球头铣刀的球头中心。

安装工件时，工件坐标系要与机床坐标系有确定的尺寸关系。在工件坐标系设定后，从对刀点开始的第一个程序段的坐标值，为对刀点在机床坐标系中的坐标值（X_0，Y_0）。当按绝对坐标编程时，不管对刀点和工件原点是否重合，都是 X_2、Y_2；当按增量坐标编程时，对刀点与工件零点重合时，第一个程序段的坐标值是 X_2、Y_2，不重合时，则为（$X_1 + X_2$）、（$Y_1 + Y_2$）。

对刀点既是程序的起点，也是程序的终点，因此在成批生产中要考虑对刀点的重复精度。该精度可用对刀点相距机床原点的坐标值（X_0，Y_0）来校核。

加工过程中需要换刀时，应规定换刀点。换刀点是指刀架转位换刀时的位置。该点可以是某一固定点（如加工中心，其换刀机械手的位置是固定的），也可以是任意的一点（如数控车床）。换刀点应设在工件或夹具的外部，以刀架转位时与工件及其他部件不发生运动干涉为准。其设定值可用实际测量方法或计算确定。

第四节　工序的划分及走刀路线的确定

在数控机床加工过程中，由于加工对象复杂多样，特别是轮廓曲线的形状及位置千变万化，以及受材料、批量等多方面因素的影响，在划分工件加工工序及选择走刀路线时，应该做到具体分析、区别对待、灵活处理。只有这样，才能使加工方案更合理，从而达到质优高效、低成本的目的。

一、工序的划分

一般工序的划分有以下几种方式：

1. 按工件装夹定位方式划分工序

由于每个工件结构形状不同，各表面的精度要求也有所不同，因此加工时，其定位方式各有差异。一般地，加工外形时，以内形定位；加工内形时又以外形定位。因而可根据定位方式的不同来划分工序。

图 5 - 3 所示的片状凸轮，按定位方式可分为两道工序。第一道工序可在普通机床上进行，以外圆和 B 平面定位，加工端面 A 和 ϕ22H7 的内孔，然后再加工端面 B 和 ϕ4H7 的工艺孔。第二道工序以已加工的两个孔和一个端面定位，在数控机床上加工凸轮外形轮廓。

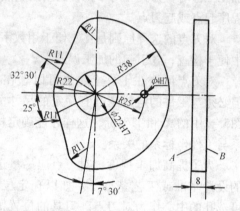

图 5 - 3 片状凸轮

2. 按先粗后精的原则划分工序

为了提高生产率并保证工件的加工质量，在切削加工中，应先安排粗加工工序，在较短的时间内去除整个工件的大部分余量，同时尽量满足精加工的余量均匀性要求。当粗加工完成后，应接着安排换刀后进行的半精加工和精加工。安排半精加工的目的是，当粗加工后所留余量均匀性满足不了精加工要求时，利用半精加工使精加工余量小而均匀。

3. 刀具集中法划分工序

刀具集中法即在一次装夹中，尽可能用一把刀具加工完成所有可以加工的部位，然后再换刀加工其他部位。这种划分工序的方法可以减少换刀次数，缩短辅助时间，减少不必要的定位误差。

4. 按加工部位划分工序

一般说来，应先加工平面、定位面，再加工孔；先加工简单的几何形状，再加工复杂的几何形状；先加工精度较低的部位，再加工精度较高的部位。

二、走刀路线的确定

走刀路线（又称加工路线），就是刀位点相对于工件运动的轨迹和方向。确定走刀路线时，应根据工件的精度和表面粗糙度要求以及机床、刀具的刚度等具体情况予以综合考虑。例如，铣削加工时是采用顺铣还是采用逆铣，是一次走刀还是多次走刀等。确定走刀路线还应使数值计算简单，程序段少，以减少编程工作量。为充分发挥数控机床的效能，应使加工路线最短，减少空行程时间。

对于点位控制的数控机床，只要求定位精度较高，定位过程尽可能快，而刀具相对工件的运动路线则是无关紧要的，因此这类机床应按空行程最短来安排走刀路线。例如在钻削图 5 - 4a 所示的工件时，图 5 - 4c 所示的空行程进给路线比图 5 - 4b 所示的常规的空行程进给路线要短。

对于点位控制的数控机床还要确定刀具轴向运动尺寸，其大小主要由工件的轴向尺寸决定，并应考虑一些辅助尺寸。例如图 5 - 5 所示的钻孔情况，Z_d 为孔的深度；ΔZ 为引入距离，一般对已加工面取 1～3mm，毛面取 5～8mm，攻螺纹时取 5～10mm。钻通孔时刀具超

越量取 1 ~ 3mm。由图 5 - 5 知

$$Z_p = \frac{D}{2}\cot\theta \approx 0.3D$$

式中，Z_p 为钻头钻锥长；D 为钻头直径；θ 为钻头半顶角。

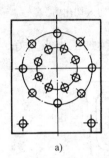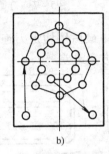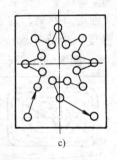

图 5 - 4　最短走刀路线的设计

a）钻削示例件　b）常规进给路线　c）最短进给路线

图 5 - 5　数控钻孔的尺寸关系

对于孔系加工，为了提高位置精度，可以采用单向趋近定位点的方法，以避免传动系统误差对定位精度的影响。如图 5 - 6 所示，图 5 - 6a 为零件图，在该零件上镗六个尺寸相同的孔，有两种加工路线。按图 5　6b 所示路线加工时，由于 5、6 孔与 1、2、3、4 孔定位方向相反，Y 方向反向间隙会使定位误差增加，而影响 5、6 孔与其他孔之间的位置精度。按图 5 - 6c 所示路线，加工完 4 孔后往上移动一段距离到 P 点，然后再折回来加工 5、6 孔，这样可避免引入反向间隙，提高 5、6 孔与其他孔的位置精度。但这样会增大空行程，降低加工效率。

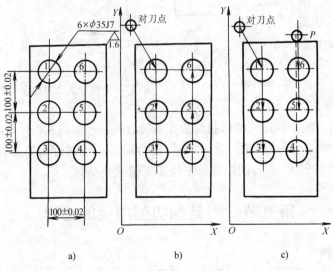

图 5 - 6　镗孔加工路线示意图

铣削平面零件时，为了保证轮廓表面的粗糙度要求，减少接刀痕迹，需要精心设计刀具的"切入"和"切出"程序。例如图5-7所示，铣削外轮廓时，铣刀应沿零件轮廓曲线的延长线切向切入和切出。不应沿法向切入和切出，以避免产生接刀痕。

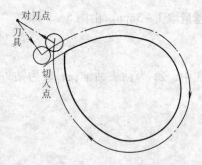

图5-7 刀具切入切出方式

在铣削图5-8所示凹槽一类的封闭内轮廓时，其切入和切出无法外延，铣刀要沿零件轮廓的法线方向切入和切出，此时，切入点和切出点尽可能选在零件轮廓两几何元素的交点处。图5-8列出了三种走刀方案，为了保证凹槽侧面达到所要求的表面粗糙度，最终轮廓应由最后环切走刀连续加工出来为好，所以图5-8c所示的走刀路线方案最好，图5-8a所示方案最差。

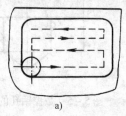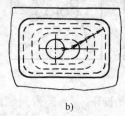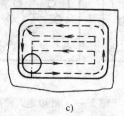

a)　　　　　　　b)　　　　　　　c)

图5-8 凹槽加工走刀路线

在轮廓加工过程中应尽量避免进给停顿。进给停顿将引起切削力的变化，从而引起工件、刀具、夹具、机床系统弹性变形发生变化，导致在停顿处的工件表面留下划痕。

在数控机床上加工螺纹时，沿螺距方向的 Z 向进给和主轴的旋转要保持严格的速比关系。但考虑 Z 向从停止状态到达指令的进给速度（mm/r），随动系统总要有一过渡过程，因此在安排 Z 向加工路线时，要有引入距离 δ_1 和超越距离 δ_2，如图5-9所示。δ_1 一般取 2~5mm，对大螺距的螺纹取大值；δ_2 一般取 $\delta_1/4$ 左右。

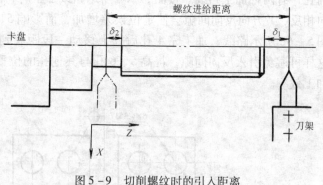

图5-9 切削螺纹时的引入距离

若螺纹收尾处无退刀槽，收尾处的形状与数控系统有关，一般取45°退刀收尾。

铣削曲面时，常用球头刀采用"行切法"进行加工。所谓行切法是指刀具与工件轮廓的切点轨迹是一行一行的，而行间距是按零件加工精度要求确定的。

第五节 刀具和切削用量的选择

一、刀具的选择

合理选择数控加工用的刀具，是工艺处理中的重要内容之一。它不仅影响机床的加工效率，而且直接影响产品的加工质量。

与普通机床加工相比，数控加工对刀具提出了更高的要求：强度高、精度高、切削速度和进给速度高、可靠性好、使用寿命长、断屑及排屑性能好等。基于这些要求，刀具材料必须具备以下主要性能：较高的硬度和耐磨性、较高的耐热性、足够的强度和韧性、较好的导热性和良好的工艺性等。

目前，常用的刀具除了使用量大、面广的高速钢及硬质合金刀具外，还涌现出一些新型材料刀具，如涂层刀具和非金属材料刀具。涂层刀具是在高速钢及韧性较好的硬质合金基体上，通过气相沉积法，涂覆一层极薄的耐磨性好的难熔金属化合物，如 TiC、TiN、TiB_2 等，以进一步改善切削性能、提高加工效率，并大大提高了使用寿命。用作刀具的非金属材料主要有陶瓷、金刚石和立方氮化硼等，这几种材料都具有很高的硬度和耐磨性，但脆性大、抗弯强度和韧性较差，故不宜承受冲击载荷及低速切削，也不适于加工各种软金属。

选择刀具时，除了采用合适的刀具材料外，还要使其尺寸与工件的尺寸和形状相适应。生产中，平面零件周边轮廓的加工常采用立铣刀；铣平面时，应选硬质合金面铣刀；加工凸台、凹槽时，选高速钢立铣刀；加工毛坯表面或粗加工时，可选用玉米齿硬质合金螺旋立铣刀。选择立铣刀时，刀具的有关参数，推荐按下述经验数据选取，如图 5 - 10 所示。

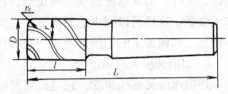

图 5 - 10　刀具尺寸选择

1）刀具半径 r 应小于零件内轮廓的最小曲率半径 ρ，一般取 $r =$（0.8 ~ 0.9）ρ。

2）工件的加工高度 $H \leqslant$（1/4 ~ 1/6）r，以保证刀具有足够的刚度。

3）对不通孔（盲孔）或深槽，选取 $l = H +$（5 ~ 10）mm（l 为刀具切削部分长度，H 为工件加工高度）。

4）加工外形及通槽时，选取 $l = H + r_\varepsilon +$（5 ~ 10）mm（r_ε 为刀尖角半径）。

5）粗加工内轮廓面时，铣刀最大直径 D_1 可按下式计算（见图 5 - 11）。

$$D_1 = \frac{2(\delta \sin\varphi/2 - \delta_1)}{1 - \sin\varphi/2} + D$$

式中，D 为轮廓的最小凹圆角半径；δ 为圆角邻边夹角等分线上的加工余量；δ_1 为精加工余量；φ 为圆角两邻边的最小夹角。

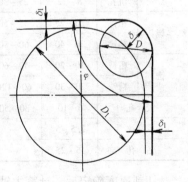

图 5 - 11　粗加工铣刀直径估算

6）加工肋时，刀具直径为 $D =$（5 ~ 10）b（b 为肋的厚度）。

对一些立体型面和变斜角轮廓外形的加工，常采用球头铣刀、环形铣刀、鼓形刀、锥形刀及盘形刀（见图 5 - 12）。

二、切削用量的选择

数控机床加工中的切削用量是表示机床的主运动和进给运动大小的重要参数，它包括背吃刀量切削速度、进给速度。其具体数值应根据数控机床说明书、切削原理中规定的方法并结合实践经验加以确定，并应编入程序单。

1. 背吃刀量 a_p 的确定

背吃刀量是指在垂直于进给方向上，待加工表面与已加工表面间的距离。它的大小根据

72

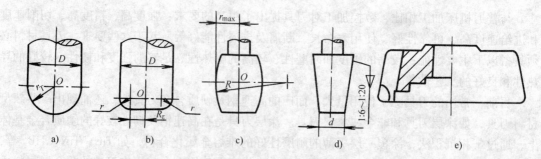

图5-12 常用铣刀

a）球头铣刀 b）环形铣刀 c）鼓形刀 d）锥形刀 e）盘形刀

机床、工件、刀具系统的刚度来决定。在刚度允许的情况下，尽可能使 a_p 选得等于工件的加工余量。这样可以减少走刀次数，提高加工效率。当零件的精度要求较高时，则考虑留出半精加工和精加工的切削余量，一般取 0.2～0.5mm。

2. 切削速度 v 的确定

切削速度又称线速度，它是指切削时，刀具切削刃上某点相对于待加工表面在主运动方向上的瞬时速度。常用的切削速度见表5-3。

表5-3　常用切削速度 v　　　　　　（单位：m/min）

工件材料 刀具材料 工序		铸　铁		钢及其合金		铝及其合金		铜及其合金	
		高速钢	硬质合金	高速钢	硬质合金	高速钢	硬质合金	高速钢	硬质合金
车　削		—	60～100	15～25	60～110	150～200	300～450	60～100	150～200
扩	通孔	10～15	30～40	10～20	35～60	30～40		30～40	—
	沉孔	8～12	25～30	8～11	30～50	20～30		20～30	
镗	粗镗	20～25	35～50	15～30	50～70	80～150	100～200	80～150	100～200
	精镗	30～40	60～80	40～50	90～120	150～300	200～400	150～200	200～300
铣	粗铣	10～20	40～60	15～25	50～80	150～200	350～500	100～150	300～400
	精铣	20～30	60～120	20～40	80～150	200～300	500～800	150～250	400～500
铰　孔		6～10	30～50	6～20	20～50	50～75	200～250	20～50	60～100
攻螺纹		2.5～5	—	1.5～5		5～15		5～15	
钻　孔		15～25		10～20		50～70		20～50	

切削速度确定后，计算主轴转速（主轴转速要根据计算值在机床说明书中选定相近的标准值）。

3. 进给速度 f 的确定

进给速度是指单位时间内或主轴旋转一周，刀具沿进给方向移动的距离。它是数控机床切削用量中的一个重要参数，通常根据零件加工精度和表面粗糙度要求来选取。要求较高时，进给速度应取小一些，一般取 20～50mm/min。

另外，在选取进给速度时，还应考虑以下几点：

1）为了提高生产率，在保证加工质量的前提下，尽量选较大的进给速度。

2）切断、精加工、深孔加工或高速钢刀具切削时，应选用较低的进给速度。

3）刀具或工件的空行程，可以设定尽量高的进给速度。

4）进给速度应与主轴转速和背吃刀量等切削用量相适应，不能顾此失彼。

5）在轮廓加工中，应注意轮廓拐角处的"超程"问题。如图 5-13 所示，铣刀由 A 向 B 运动，若进给速度较高，由于惯性作用，在拐角 B 点可能出现"超程"现象，即将拐角处的金属切去一些，而导致加工误差。降低进给速度则可减少 B 点的超程量。为了保证加工效率，可将 AB 分为两段，在 AA′段为正常进给速度，A′B 段为低速段，过 B′后再逐步恢复正常进给速度。低速段的进给速度要根据机床的动态性能和允许的"超程误差"大小来决定。

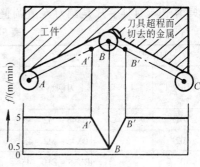

图 5-13　超程误差与控制

第六节　数控加工工艺文件

数控加工工艺文件既是数控加工、产品验收的依据，也是操作者要遵守、执行的规程，同时还是零件重复生产的必要的工艺资料的积累和储备。它是编程员在编制加工程序单时作出的与程序单相关的技术文件。一般来说，比较全面的工艺文件包括工艺卡片、刀具卡片、机床调整单、零件加工程序单等。工艺文件有多种形式，使用者可以根据本厂的生产习惯与管理形式等进行编制。现列举一例供参考。

一、工艺卡片

数控加工工艺卡片与普通机床加工工艺卡片有诸多相似之处，不同的是数控加工工艺卡片应反映使用的辅具、刀具切削参数、切削液等，它是操作人员进行数控加工的主要指导性工艺资料。表 5-4 为加工中心上使用的一张工艺卡片。

表 5-4　数控加工工艺卡片

零件号	X-0300			零件名称	夹块	材料	45
程序号	O123			机床型号	JCS-018A	制表	
工步内容	顺序号 N	工步号	刀具号 T	刀具种类	补偿号 (D、H)	主轴转速 v/(r/min)	进给速度 f/(mm/min)	备注
粗铣 R28mm、R24mm 两圆弧	1	1	01	φ20mm 立铣刀	H01　D20	300	30	
精铣 R28mm、R24mm 两圆弧	29	2	02	φ20mm 立铣刀	H02　D21	300	30	
钻中心孔	42	3	03	φ2.5mm 中心钻	H03	800	60	
钻孔	49	4	04	φ7.5mm 钻头	H04	700	60	
扩孔	56	5	05	φ7.8mm 扩孔钻	H05	500	40	
铰孔	63	6	06	φ8mm 铰刀	H06	300	40	

在数控机床上只加工工件的一个工步时，也可不填写工序卡。在工序加工内容较简单时，可把工件的工序草图反映在工序卡上，并注明编程原点和换刀点等。

二、刀具卡片

数控加工时,为了提高生产率,一般采用机床外预调刀具,并将测量好的刀具尺寸写到刀具卡中。刀具卡片是调刀人员调整刀具输入的主要依据。刀具卡片内容见表 5 - 5。

表 5 - 5   数控机床用刀具卡片

机床型号		JCS - 018A	零件号	X - 0300	程序号		O123	制表	
刀具号 T	工步号	刀柄型号	刀具型号		刀　具			偏置值	备注
					直径/mm		长度/mm		
T01		BX45 - M2 - 45	φ20mm 立铣刀		20			D20　H01	
T02		BX45 - M2 - 45	φ20mm 立铣刀		20			D21　H02	
T03		BX45 - E10 - 45	φ2.5mm 中心钻		2.5			H03	
T04		BX45 - E10 - 45	φ7.5mm 钻头		7.5			H04	
T05		BX45 - E10 - 45	φ7.8mm 扩孔钻		7.8			H05	
T06		BX45 - E10 - 45	φ8mm 铰刀		8			H06	

三、机床调整单

机床调整单是机床操作人员在加工前调整机床的依据。它主要包括机床控制面板调整单和数控加工零件安装、零点设定卡片两部分。

机床控制面板调整单主要反映机床控制面板上有关开关、旋钮的位置,如进给倍率、切削液开关的位置等。

数控加工零件安装零点设定卡片主要表明数控加工零件定位和夹紧方法,也注明了工件零点设定的位置和方向,以及使用夹具的名称和编号等。

四、数控加工程序单

数控加工程序单是编程人员根据工艺分析情况,经过数值计算,按照数控系统特定的指令代码编制的。它是记录数控加工工艺过程、工艺参数、位移数据的清单,是手动输入(MDI)和制作数控介质的主要依据。不同的数控系统,程序单的格式不同。表 5 - 6 为FANUC 系统数控车床加工程序单示例。

表 5 - 6   数控加工程序单

N	G	X (U)	Z (W)	I	K	F	S	M	T	M	;	备　注
N001	G92	X200.0	Z350.0								;	坐标设定
N002	G00	X41.8	Z292.0				S31	M03	T11	M08	;	
N003	G01	X47.8	Z289.0			F150					;	倒角
N004		U0	Z230.0								;	φ47.8mm
N005		X50.0	W0								;	退刀
N006		X62.0	W - 60.0								;	锥度
N007		U0	Z155.0								;	φ62mm
N008		X78.0	W0								;	退刀
N009		X80.0	W - 1.0								;	倒角
N010		U0	W - 19.0								;	φ80mm
N011	G02	U0	W - 60.0	I63.25	K - 30.0						;	圆弧

(续)

N	G	X (U)	Z (W)	I	K	F	S	M	T	M	;	备 注
…	…	…	…	…	…	…	…	…	…	…	…	…
N018	G00	X51.0	W0								;	退刀
N019		X200.0	Z350.0						T20	M09	;	退至换刀点
N020	G00	X62.0	Z296.0					M03	T33	M08	;	
N021	G33	X47.2	Z231.5			F150					;	切螺纹
N022				I-0.6	K0						;	切螺纹
N023				I-0.5	K0						;	切螺纹
N024				I-0.3	K0						;	切螺纹
N025	G00	X200.0	Z350.0						T30	M02	;	退至换刀点

另外，在数控加工工艺文件中，对于轨迹较复杂的铣削和圆弧切入、切出的铣削加工还应绘制刀具轨迹图。

第七节　程序编制中的数值计算

一、数值计算的内容

根据工件图，按已确定的走刀路线和允许的编程误差，计算数控系统所需输入的数据，称为数控加工的数值计算。数值计算主要是基点和节点的计算。

基点是指组成零件轮廓的各几何元素间的连接点。如两直线的交点，直线与圆弧、圆弧与圆弧之间的交点或切点等。显然，相邻基点间只能是一种几何元素。目前，一般的数控系统都具有直线、圆弧插补功能，所以对于仅由直线和圆弧两种几何元素构成的平面轮廓，只要计算出基点坐标和圆心坐标即可。当零件的形状是非圆曲线，而数控系统又不具备该曲线插补功能时，要在满足允许的编程误差的条件下，用若干直线段或圆弧段来逼近给定曲线。逼近线段的交点或切点称为节点。如图5-14a中的 G 点为圆弧拟合非圆曲线时的节点，图5-14b中的 B、C、D 点为直线拟合非圆曲线时的节点。在编程时按节点划分程序段。

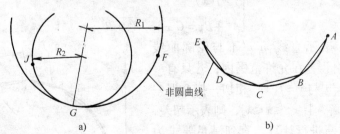

图5-14　曲线的逼近

基点直接计算的方法比较简单，一般可利用几何元素间的三角函数关系或联立方程组来求解，这里不再赘述。

二、非圆曲线的节点计算

数控加工中把除直线与圆弧之外用数学方程式表达的平面轮廓曲线称为非圆曲线。非圆曲线的节点就是逼近线段的交点。一个已知曲线 $y = f(x)$ 的节点数目主要取决于所用逼近线段的形状（直线或圆弧）、曲线方程的特性以及允许的拟和误差。将这三个方面用数学关系来求解，即可求得相应的节点坐标。

下面简要介绍常用的直线逼近节点的计算方法。

1. 等间距直线逼近的节点计算

（1）基本原理　等间距法就是将某一坐标轴划分成相等的间距。如图 5 – 15 所示，已知曲线方程为 $y = f(x)$，沿 X 轴方向取 Δx 为等间距长。根据曲线方程，由 x_i 求得 y_i，$x_{i+1} = x_i + \Delta x$，$y_{i+1} = f(x_i + \Delta x)$，如此求得的一系列点就是节点。

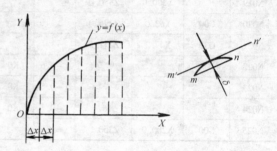

图 5 – 15　等间距直线逼近

（2）误差校验方法　由图 5 – 15 知，当 Δx 取得愈大，产生的拟和误差愈大。设工件的允许拟和误差为 δ，一般 δ 取成零件公差的 $1/5 \sim 1/10$，要求曲线 $y = f(x)$ 与相邻两节点连线间的法向距离小于 δ。实际处理时，并非任意相邻两点间的误差都要验算，对于曲线曲率半径变化较小处，只需验算两节点间距最长处的误差，而对曲线曲率变化较大处，应验算曲率半径较小处的误差，通常由轮廓图形直接观察确定校验的位置。其校验方法如下：

设需校验 mn 曲线段。m 和 n 的坐标分别为 (x_m, y_m) 和 (x_n, y_n)，则直线 mn 的方程为

$$\frac{x - x_n}{y - y_n} = \frac{x_m - x_n}{y_m - y_n}$$

令 $A = y_m - y_n$，$B = x_n - x_m$，$C = y_m x_n - x_m y_n$，则上式可改写为 $Ax + By = C$。表示公差带范围的直线 $m'n'$ 与 mn 平行，且法向距离为 δ。$m'n'$ 直线方程可表示为

$$Ax + By = C \pm \delta \sqrt{A^2 + B^2}$$

式中，当直线 $m'n'$ 在 mn 上时取 "+" 号，在 mn 下时取 "–" 号。

联立求解方程组

$$\begin{cases} y = f(x) \\ Ax + By = C \pm \delta \sqrt{A^2 + B^2} \end{cases}$$

上式若无解，表示直线 $m'n'$ 不与轮廓曲线 $y = f(x)$ 相交，拟合误差在允许范围内；若只有一个解，表示直线 $m'n'$ 与 $y = f(x)$ 相切，拟合误差等于 δ；若有两个解，且 $x_m \leqslant x \leqslant x_n$，则表示超差，此时应减少 Δx 重新进行计算，直到满足要求为止。

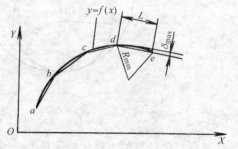

图 5 – 16　等步长直线逼近

2. 等步长直线逼近的节点计算

这种计算方法是使所有逼近线段的长度相等，从而求出节点坐标。如图 5 – 16 所示，计算步骤如下：

（1）求最小曲率半径 R_{min} 曲线 $y=f(x)$ 上任意点的曲率半径为

$$R = \frac{(1+y'^2)^{3/2}}{y''}$$

取 $dR/dx = 0$，即

$$3y'y''^2 - (1-y'^2)y''' = 0$$

根据 $y=f(x)$ 求得 y'、y''、y'''，并代入上式得 x，再将 x 代入前式求得 R_{min}。

（2）确定允许的步长 l 由于曲线各处的曲率半径不等，等步长后，最大拟合误差 δ_{max} 必在最小曲率半径 R_{min} 处。因此，步长应为

$$l = 2R_{min}^2 - (R_{min} - \delta)^2 \approx \sqrt{8R_{min}\delta}$$

（3）计算节点坐标   以曲线的起点 a（x_a, y_a）为圆心，步长 l 为半径的圆交 $y=f(x)$ 于 b 点，求解圆和曲线的方程组

$$\begin{cases} (x-x_a)^2 + (y-y_a)^2 = l^2 \\ y = f(x) \end{cases}$$

求得 b 点坐标（x_b, y_b）。

顺次以 b、c、…为圆心，即可求得 c、d、…各节点的坐标。

由于步长 l 决定于最小曲率半径，致使曲率半径较大处的节点过密过多，所以等步长法适用于曲率半径相差不大的曲线。

3. 等误差直线逼近的节点计算

等误差法就是使所有逼近线段的误差 δ 相等。如图 5-17 所示，其计算步骤如下：

（1）确定允许误差 δ 的圆方程   以曲线起点 a（x_a, y_a）为圆心，δ 为半径作圆，此圆方程式

$$(x-x_a)^2 + (y-y_a)^2 = \delta^2$$

（2）求圆与曲线公切线 PT 的斜率 k

$$k = \frac{y_T - y_P}{x_T - x_P}$$

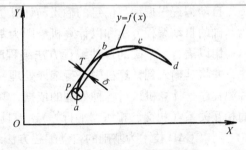

图 5-17 等误差直线段逼近

其中，x_T、x_P、y_T、y_P 由下面的联立方程组求解

$$\begin{cases} \dfrac{y_T - y_P}{x_T - x_P} = -\dfrac{x_P - x_a}{y_P - y_a} & \text{（圆切线方程）} \\[2mm] y_P = \sqrt{\delta^2 - (x_P - x_a)^2} + y_a & \text{（圆方程）} \\[2mm] \dfrac{y_T - y_P}{x_T - x_P} = f'(x_T) & \text{（曲线切线方程）} \\[2mm] y_T = f(x_T) & \text{（曲线方程）} \end{cases}$$

（3）求弦长 ab 的方程   过 a 作直线 PT 的平行线，交曲线于 b 点，ab 的方程为

$$y - y_a = k(x - x_a)$$

（4）计算节点坐标   联立曲线方程和弦长方程即可求得 b 点坐标（x_b, y_b）

$$\begin{cases} y - y_a = k(x - x_a) \\ y = f(x) \end{cases}$$

按上述步骤顺次求得 c、d、e、…各节点坐标。

由上述内容可知，等误差法程序段数目最少，但计算较复杂，可用计算机辅助完成。在采用直线逼近非圆曲线的拟合方法中，是一种较好的方法。

三、列表曲线的节点计算方法简介

有些零件轮廓是由通过试验和测量得到的节点构成的。这些节点往往以表格形式给出，所以称为列表曲线。为了保证列表曲线的加工精度，必须借助插值函数增加新的节点。处理列表曲线的一般方法是，根据已知列表点导出插值函数（称为第一次拟合），再根据插值函数进行插点密化，即求得新的节点（称为第二次拟合），然后根据这些足够多的节点编制拟合线段（常用直线段）程序。

列表曲线的拟合方法较多，数控编程中常用的插值函数有三次样条函数和圆弧样条函数。在此不作详细介绍，读者如需要，可以参考有关专著。

第八节　自动编程简介

一、自动编程的定义

自动编程又称计算机辅助编程，是利用计算机和相应的前置、后置处理程序对零件源程序进行处理，以得到加工程序单和数控带的一种编程方法。

二、自动编程方法的分类

自动编程根据编程信息的输入与计算机对信息的处理方式不同，可分为以自动编程语言为基础的自动编程方法和以计算机绘图为基础的自动编程方法。

用以语言为基础的自动编程方法编程时，编程人员依据所用数控语言来编写工件源程序，并将其输入到计算机中进行编译处理，制作出可以直接应用于数控机床的加工程序。工件源程序是计算机进行各种处理的依据，其内容包括零件的几何形状、尺寸、几何元素之间的相互关系（相交、相切、平行等）、刀具运动轨迹及工艺参数等。

用以 CAD 技术为基础的自动编程方法编程时，编程人员首先对工件图样进行工艺分析，确定构图方案，然后利用自动编程软件本身的 CAD 功能，在 CRT（显示器）上以人机对话方式构建出工件的二维或三维图形，再利用软件的 CAM 功能进行后置处理，制作出加工程序。我们把这种自动编程方式称为图形交互式自动编程。这种方法直观性好、使用简便、速度快、精度高、便于校验，在生产中得到了越来越广泛的应用。

三、自动编程的产生和发展

从自动编程的发展过程来看，以自动编程语言为基础的自动编程方法发展较早，以计算机绘图为基础的自动编程方法则相对发展较晚，这主要是计算机图形技术发展相对落后造成的。

20 世纪 50 年代初，美国麻省理工学院伺服机构实验室研制出了第一台数控铣床。为了充分发挥数控机床的加工能力，解决复杂形状零件编程问题，在美国空军资助下开始研究数控加工中的自动编程问题。研究成果于 1955 年公布，即 APT（Automatically Programmed Tools）系统。随后又开发出 APTⅡ（用于加工曲线）、APTⅢ（用于加工 3～5 坐标立体曲面）和 APTⅣ（用于加工自由曲面）自动编程系统。

APT 系统编程语言的词汇量较多，定义的几何类型也较全面，且配有多种后置处理程序，能够适应多坐标数控机床加工曲线曲面的需要，所以在各国得到了广泛应用。但是 APT 系统软件庞大，价格昂贵。因此，各主要工业国家根据工件加工特点和用户需求，参考 APT 的思路，开发出许多具有不同特点的自动编程系统。如美国的 ADAPT，德国的 EXAPT – 1（点位加工）、EXAPT – 2（车削加工）、EXAPT – 3（铣削加工），英国的 2C、2CL、2PC，法国的 IFAPT，日本的 FAPT、HAPT 以及我国的 SKC、ZCX、HZAPT、SAPT 等。

APT 语言编程方法直观性差，编程过程比较复杂。随着计算机技术的飞速发展，计算机图形处理能力大大加强，因此，一种可以直接将工件的几何图形信息自动转化为数控加工程序的全新计算机自动编程技术——图形交互式编程方式应运而生。这种编程软件，可以方便地实现三维曲面的实体造型，然后以人机对话方式选定刀具、走刀路线、切削用量等，最后经后置处理生成所需的数控加工用 G 代码程序。目前常用的软件有美国的 MASTER CAM、国产华正的 CAXA 等。

四、自动编程系统信息处理过程

1. 语言式自动编程系统的信息处理过程

以 APT 系统为例，其处理过程如图 5 – 18 所示。

按照工件图样用数据语言编写的工件源程序输入计算机后，并不能被计算机直接识别和处理，必须由一套预先存放在计算机中的编译程序，将其翻译成计算机能识别和处理的形式。数学处理主要是根据工件源程序计算刀具相对于工件的运动轨迹。按照数学处理阶段的信息，通过后置处理可生成符合数控机床要求的工件加工程

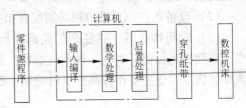

图 5 – 18　自动编程处理过程

序。该加工程序可以由打印机打印成加工程序单，也可以通过穿孔机自动穿出数控纸带作为数控机床的输入，还可以通过计算机通信接口，将后置处理的输出结果直接传给数控系统。

2. 图形交互式自动编程系统的信息处理过程

图形交互式自动编程是建立在 CAD 和 CAM 基础上的，其处理过程包括以下步骤：

（1）几何造型　几何造型时利用图形交互自动编程软件的图形编辑功能，将工件的几何图形绘制到计算机上，形成图形文件，并在计算机内自动形成工件图形的数据文件。这些图形数据是下一步刀具轨迹计算的依据。自动编程过程中，软件将根据加工要求提取这些数据，进行分析判断和必要的数学处理，以形成加工的刀具位置数据。

（2）生成刀具路径　图形交互式自动编程的刀具轨迹的生成是采用人机交互对话方式进行的。首先在刀具路径生成的目录中选择所需的子目录，然后根据屏幕提示，用光标选择相应的图形目标，点取相应的坐标点，输入所需的各种工艺参数。软件将自动进行分析判断、计算基点、节点数据，并将其转换为刀具位置数据，存入指定的文件或直接进行后置处理，生成数控加工程序，并可在计算机屏幕上进行动态模拟显示。

（3）后置处理　后置处理的目的是生成数控加工文件。编程人员可根据具体的数控系统指令代码及程序格式，编辑后置处理的惯用文件，以保证输出符合数控加工格式要求的数控加工文件。

五、自动编程的优点

1）编程人员只需使用自动编程系统所规定的专用语言编写工件源程序，或利用 CAD 建立工件模型，减少了数学分析和复杂的计算过程。因此，人员的工作量较小。

2）处理迅速、准确，不易出错。

3）编写源程序或实体造型的过程简明、清晰，易于掌握。

4）源程序很短，并可方便地插入复杂的计算语句和数学公式，以解决特殊轨迹的编程需要。

六、选择编程方法

对于手工编程，一般限制在二维平面内，并大多针对较简单的轮廓图形。对于不太复杂或精度要求不高的非圆曲线，若编程者数学计算能力较强，也可采用手工编程。而对于刚刚涉足数控领域的初学者，应以掌握手工编程的基本知识为重点，为以后使用自动编程打好基础。

选择自动编程时通常应考虑以下因素：

（1）编程难度　当手工编程相当困难或根本不能实现时，应采用自动编程。如复杂的非圆曲线、列表曲线以及三维曲面的加工程序，用手工编程是无法完成的。

（2）设备条件　自动编程必须配有相应的设备，主要是通用计算机和编程软件。

（3）时间和费用　对复杂的轮廓图形采用自动编程，虽然费用较高，但与其高效率、高可靠性相比，仍不失为一种最佳选择；但对简单轮廓图形采用自动编程，不但体现不出高效率的优点，还要负担较高的机时费用，造成极大的资源浪费。

习题与思考题

5-1　编制数控机床加工程序的过程是怎样的？

5-2　加工程序由哪几部分组成？其程序段的格式是什么？

5-3　数控机床坐标系是如何规定的？怎样判断各坐标轴？

5-4　数控加工时工件装夹方法和夹具如何选定？

5-5　对刀点和换刀点如何确定？

5-6　数控加工工序划分有哪些方式？

5-7　选择数控加工走刀路线应考虑哪些因素？

5-8　数控加工的切削用量应如何选择？

5-9　什么是数控编程的数值计算？基点和节点又是什么？

5-10　非圆曲线节点计算方法有哪些？各有何特点？

5-11　什么是自动编程？简述自动编程的过程。

第六章　数控车床编程与操作

第一节　数控车床的组成及主要技术规格

数控车床是将编制好的加工程序输入到数控系统中，由数控系统通过车床 X、Z 坐标轴的伺服电动机控制车床进给运动部件的动作顺序、移动量和进给速度，再配以主轴的运动，便能加工出各种形状不同的轴类或盘类回转体零件。数控车床是目前使用较为广泛的数控机床之一。

一、数控车床的组成及特点

数控车床与卧式车床相比，其结构上仍然是由主轴箱、刀架、进给传动系统、床身、冷却系统、润滑系统等部分组成，只是数控车床的进给系统与卧式车床的进给系统在结构上存在着本质差别。卧式车床主轴的运动经过交换齿轮架、进给箱、溜板箱传到刀架实现纵向和横向进给运动。而数控车床是采用伺服电动机经滚珠丝杠，传到床鞍和刀架，实现 Z 向（纵向）和 X 向（横向）进给运动。可见数控车床进给传动系统的结构较卧式车床大为简化。数控车床也有加工各种螺纹的功能，那么主轴的旋转与刀架的移动如何保持同步关系呢？一般是在主轴箱内安装有脉冲编码器，主轴的运动通过同步齿形带 1:1 地传到脉冲编码器。当主轴旋转时，脉冲编码器便给数控系统发出检测脉冲信号，使主轴的旋转与刀架的切削进给保持同步关系，即实现加工螺纹时，主轴转一转，刀架 Z 向移动一个导程的运动关系。

二、MJ-50 数控车床的布局及技术参数

MJ-50 数控车床是济南第一机床厂生产的，该机床配备日本 FANUC、德国 SIEMENS 等数控系统。

1. MJ-50 数控车床的布局

MJ-50 数控车床为两坐标连续控制的卧式车床。如图 6-1 所示，床身 14 为平床身，床身导轨面上支承着 30°倾斜布置的床鞍 13，排屑方便。导轨的横截面为矩形，支承刚性好，且导轨上配置有防护罩 8。床身的左上方安装有主轴箱 4，主轴由交流伺服电动机驱动，免去变速传动装置，因此主轴箱的结构变得十分简单。为了快速而省力地装夹工件，主轴卡盘 3 的夹紧与松开是由主轴尾端的液压缸来控制的。床身右方安装有尾座 12。

滑板的倾斜导轨上安装有回转刀架 11，其刀盘上有 10 个工位，最多安装 10 把刀具。滑板上分别安装有 X 轴和 Z 轴的进给传动装置。

根据用户的要求，主轴箱前端面上可以安装对刀仪 2，用于机床的机内对刀。检测刀具时，对刀仪转臂 9 摆出，其上端的接触式传感器测头对所用刀具进行检测。检测完成后，对刀仪转臂摆回图 6-1 所示的原位，且测头被锁在对刀仪防护罩 7 中。10 是操作面板。5 是机床防护门。液压系统的压力由压力表 6 显示。1 是主轴卡盘夹紧与松开的脚踏开关。

这里介绍的 MJ-50 数控车床的数控系统为 FANUC-OTE 系统。

2. MJ-50 数控车床的主要技术参数

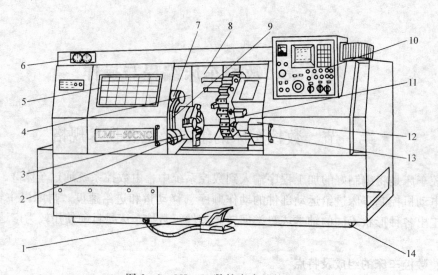

图 6 - 1　MJ - 50 数控车床的外观图

1—主轴卡盘松、夹开关　2—对刀仪　3—主轴卡盘　4—主轴箱　5—机床防护门
6—压力表　7—对刀仪防护罩　8—导轨防护罩　9—对刀仪转臂　10—操作面板
11—回转刀架　12—尾座　13—床鞍　14—床身

（1）机床的主要参数

允许最大工件回转直径	500mm
最大切削直径	310mm
最大切削长度	650mm
主轴转速范围	35 ~ 3500r/min（连续无级）
恒转矩范围	35 ~ 437r/min
恒功率范围	437 ~ 3500r/min
主轴通孔直径	80mm
拉管通孔直径	65mm
刀架有效行程	X 轴 182mm；Z 轴 675mm
快速移动速度	X 轴 10m/min；Z 轴 15m/min
安装刀具数	10 把
刀具规格	车刀 25mm × 25mm；镗刀 $\phi12 ~ \phi45$mm
选刀方式	刀盘就近转位
分度时间	单步 0.8s；180° 2.2s
尾座套筒直径	90mm
尾座套筒行程	130mm
主轴伺服电动机连续/30min 超载	11kW/15kW
进给伺服电动机	X 轴 0.9kW；Z 轴 1.8kW
机床外形尺寸（长 × 宽 × 高）	2995mm × 1667mm × 1796mm

（2）数控系统的主要技术规格　机床配置的 FANUC - OTE 系统的主要技术规格见表 6 - 1。

表 6 – 1　FANUC – OTE 系统的主要技术规格

序号	名　　称	规　　格	
1	控制轴数	X 轴、Z 轴，手动方式同时仅一轴	
2	最小设定单位	X、Z 轴 0.001mm	0.0001in（1in = 25.4mm）
3	最小移动单位	X 轴 0.0005mm	0.00005in
		Z 轴 0.001mm	0.0001in
4	最大编程尺寸	±9999.999mm	
		±999.9999in	
5	定位	执行 G00 指令时，机床快速运动并减速停止在终点	
6	直线插补	G01	
7	全象限圆弧插补	G02（顺圆）　　G03（逆圆）	
8	快速倍率	LOW，25%，50%，100%	
9	手摇轮连续进给	每次仅一轴	
10	切削进给率	G98 指令每分钟进给量（mm/min）；G99 指令每转进给量（mm/r）	
11	进给倍率	从 0 ~ 150% 范围内以 10% 递增	
12	自动加/减速	快速移动时依比例加减速，切削时依指数加减速	
13	停顿	G04（0 ~ 9999.999s）	
14	空运行	空运行时为连续进给	
15	进给保持	在自动运行状态下暂停 X、Z 轴进给，按程序启动按钮可以恢复自动运行	
16	主轴速度命令	主轴转速由地址 S 和 4 位数字指令指定	
17	刀具功能	由地址 T 和 2 位刀具编号 + 2 位刀具补偿号组成	
18	辅助功能	由地址 M 和两位数字组成，每个程序段中只能指令一个 M 码	
19	坐标系设定	G50	
20	绝对值/增量值混合编程	绝对值编程和增量值编程可在同一程序段中使用	
21	程序号	O +4 位数字（EIA 标准），: +4 位数字（ISO 标准）	
22	序列号查找	使用 MDI 和 CRT 查找程序中的顺序号	
23	程序号查找	使用 MDI 和 CRT 查找 O 或（:）后面 4 位数字的程序号	
24	读出器/穿孔机接口	PPR 便携式纸带读出器	
25	纸带读出器	250 字符/s（50Hz）　　300 字符/s（60Hz）	
26	纸带代码	EIA（RS – 244A）　　ISO（R – 40）	
27	程序段跳	将机床上该功能开关置于"ON"位置上时，跳过程序中带"/"符号的程序段	
28	单步程序执行	使程序一段一段地执行	
29	程序保护	存储器内的程序不能修改	
30	工件程序的存储和编辑	80mm/264ft（1ft = 304.8mm）	

（续）

序号	名　　称	规　　格
31	可寄存程序	63 个
32	紧急停止	按下紧急停止按钮所有指令停止，机床也立即停止运动
33	机床锁定	仅滑板不能移动
34	可编程控制器	PMC – L 型
35	显示语言	英文
36	环境条件	环境温度：运行时 0 ~ 45℃； 　　　　　运输和保管时 – 20 ~ 60℃ 相对湿度低于 75%

第二节　数控车床的编程特点和基础

一、数控车床的编程特点

1）在一个程序段中，可以采用绝对编程，也可以采用增量编程，还可以采用绝对编程与增量编程的混合编程。

2）工件的毛坯多为圆棒料或铸锻件，加工余量较大，一个表面需要进行多次反复加工。如果对每个加工循环都编写若干个程序段，就会增加编程工作量。因此，为了简化编程，机床的数控系统中备有车外圆、车端面、车螺纹等不同形式的循环功能。

3）在数控车床的控制系统中，都有刀具补偿功能。刀具的补偿功能为编程提供了方便。编程人员可以按照工件的实际轮廓编制程序，在加工过程中，对刀具位置的变化、刀具几何形状的变化、刀尖的圆弧半径等因素，无需更改程序，只要将变化的尺寸或刀尖圆弧半径输入到刀补表中刀具便能自动补偿。一般经济型数控车床不配备刀尖圆弧半径补偿功能。

4）为了提高机床横向尺寸加工精度，数控系统横向（X 向）的脉冲当量取为纵向（Z 向）脉冲当量的一半。加工程序中 X 坐标取直径值。即直径方向用绝对编程时，X 坐标取直径值；用增量编程时，以横向实际位移量的二倍值表示，并附上方向符号。

二、数控车床加工参数的选择

数控车床加工参数的选择与卧式车床类似，但由于数控车床是一次装夹，连续自动完成所有车削工序，因而选择加工参数时应注意以下几点：

1. 合理选择切削用量

切削用量（a_p、f、v）选择是否合理，对于能否充分发挥机床潜力与刀具切削性能，实现优质、高产、低成本和安全操作具有很重要的作用。车削用量的选择原则是：粗车时，首先考虑选择尽可能大的背吃刀量 a_p，其次选择较大的进给量 f，最后确定合适的切削速度 v。增大背吃刀量 a_p，可以减少走刀次数，增大进给量 f 有利于断屑。因此，根据以上原则选择粗车切削用量有利于提高生产效率，减少刀具消耗，降低加工成本。

精车时，由于加工精度和表面粗糙度要求较高，加工余量不大且较均匀，因此选择精车的切削用量时，应着重考虑如何保证加工质量，并在此基础上尽量提高生产率。所以精车时应选用较小的背吃刀量 a_p 和进给量 f，并选用切削性能好的刀具材料和合理的几何参数，以尽可能提高切削速度 v。

此外，在安排粗、精车削用量时，应注意机床说明书给定的允许切削用量范围。对于主轴采用交流变频调速的数控车床，由于主轴在低转速时转矩降低，尤其应注意此时的切削用量选择。现摘录一些资料上推荐的切削用量数据，供编程时参考，见表 6 – 2。

表 6 – 2　数控车削用量推荐表

工件材料	工作条件	背吃刀量 /mm	切削速度 /（m/min）	进给量 /（mm/r）	刀具材料
碳素钢 $\sigma_b > 600\text{MPa}$	粗加工	5 ~ 7	60 ~ 80	0.2 ~ 0.4	YT 类
	粗加工	2 ~ 3	80 ~ 120	0.2 ~ 0.4	
	精加工	0.2 ~ 0.3	120 ~ 150	0.1 ~ 0.2	
	钻中心孔		500 ~ 800r/min		W18Cr4V
	钻孔		~ 30	0.1 ~ 0.2	
	切断（宽度 <5mm）		70 ~ 110	0.1 ~ 0.2	YT 类
铸铁 200HBW 以下	粗加工		50 ~ 70	0.2 ~ 0.4	YG 类
	精加工		70 ~ 100	0.1 ~ 0.2	
	切断（宽度 <5mm）		50 ~ 70	0.1 ~ 0.2	

2. 合理选择刀具

刀具尤其是刀片的选择是保证加工质量提高加工效率的重要环节。工件材料的加工性能、毛坯余量、工件的尺寸精度和表面粗糙度要求、机床的自动化程度等都是选择刀片的重要依据。

数控车床能兼作粗、精车削，因此粗车时，要选强度高、刀具寿命长的刀具，以便满足粗车时大背吃刀量、大进给量的要求。精车时，要选精度高、耐用度好的刀具，以保证加工精度的要求。此外，为减少换刀时间和方便对刀，应尽可能采用机夹刀和机夹刀片。夹紧刀片的方式要选择得合理，刀片最好选择涂层硬质合金刀片。一般数控车床用得较为普遍的是硬质合金刀具和高速钢刀具。

选择刀片时要根据零件的材料种类、硬度、加工表面粗糙度要求及加工余量等已知条件来决定刀片的几何结构（如刀尖圆角）、进给量、切削速度和刀片牌号。具体选择时可参考切削用量手册。

三、编制加工程序前的准备工作

对于数控车床，采用不同的数控系统，其编程方法和编程指令的规定不尽相同。这里，我们以 MJ – 50 型数控车床配备的 FANUC – OTE 数控系统为例来介绍。

1. 阅读机床说明书和编程手册

在编制加工程序前要认真阅读机床说明书和编程手册，以便了解数控机床的结构和数控系统的功能及其他的有关参数。

（1）准备功能 G 代码　FANUC – OTE 系统的准备功能如表 6 – 3 所示。

（2）辅助功能　辅助功能如表 6 – 4 所示。

（3）F、S 功能

1）F 功能：数控车床进给速度的单位，一般用 mm/r 表示（系统默认），即每转进给。

表 6 – 3　准备功能

序号	代码	组别	功　　能	序号	代码	组别	功　　能
1	G00①	01	快速定位	17	G50	00②	坐标系设定，主轴最大速度设定
2	G01		直线插补	18	G65		调宏指令
3	G02		圆弧插补（顺时针）	19	G70	00②	精车循环
4	G03		圆弧插补（逆时针）	20	G71		外圆粗车循环
5	G04	00②	暂停	21	G72		端面粗车循环
6	G10		数据设定	22	G73		固定形状粗车循环
7	G20	06	英制输入	23	G74		端面钻孔循环
8	G21①		米制输入	24	G75		外圆车槽循环
9	G25①	08	主轴速度波动检测断	25	G76		多头螺纹循环
10	G26		主轴速度波动检测通	26	G90	01	外圆切削循环
11	G27	00②	参考点返回检查	27	G92		螺纹切削循环
12	G28		参考点返回	28	G94		端面切削循环
13	G32	01	螺纹切削	29	G96		主轴恒线速度控制
14	G40①	07	取消刀尖半径补偿	30	G97①		取消主轴恒线速度控制
15	G41		刀尖半径左补偿	31	G98		每分钟进给
16	G42		刀尖半径右补偿	32	G99①		每转进给

① G 代码为数控系统通电后的状态。

② 00 组的 G 代码为非模态（非续效），其他各组中的 G 代码均为模态（续效）。

表 6 – 4　辅助功能

序号	代码	功　　能	序号	代码	功　　能
1	M00	程序停止	9	M23	切削螺纹倒角
2	M01	选择停止	10	M24	切削螺纹不倒角
3	M02	程序结束	11	M25	误差检测
4	M03	主轴正转	12	M26	误差检测取消
5	M04	主轴反转	13	M30	复位并返回程序开始
6	M05	主轴停止	14	M98	调子程序
7	M08	冷却开	15	M99	返回主程序
8	M09	冷却关			

注：1. M00 代码用于停止加工程序运行，利用"程序启动"键，可使加工程序继续运行。而 M01 代码与 M00 代码相似，但 M01 代码由机床"选择停止"键选择是否有效。

　　2. M02 代码和 M30 代码都是加工程序结束，都含有 M09 代码、M05 代码的功能。不同的是，M02 代码不具有自动复位到加工程序起始位置的功能。

系统执行了 G98 后，指定每分钟进给，即进给速度单位为 mm/min。G99 是取消每分钟进给，恢复每转进给，即将进给速度单位恢复为 mm/r。

2）S 功能：主轴转速指令，主轴转速一般用 r/min 表示（系统默认）。系统执行了 G96 后，指定的主轴转速单位为 m/min，即恒线速度控制。G97 是取消恒线速度控制的指令，即将主轴转速单位恢复为 r/min。

2. 分析工件图样和制定加工工艺

根据工件图样对工件的形状、加工精度、技术条件、毛坯等进行详细分析，并在此基础上确定加工的工步顺序和装夹方法，合理选用切削用量和刀具的形状、尺寸、规格以及刀具在回转刀架上的安装位置等。

编程人员在编程时，应特别注意：选择最佳的切削条件；选择最短的刀具路径，以提高效率；充分利用机床数控系统的指令功能，以简化编程。

3. 数学处理

确定加工工艺方案后，根据零件的几何尺寸、加工路线，计算刀具运动轨迹，以获得刀位数据。数控系统一般都具有直线插补和圆弧插补功能，对于由直线和圆弧组成的轴类、盘类零件，只需计算出零件轮廓上相邻几何要素的交点或切点的坐标值，得出各几何要素的起点、终点和圆弧的圆心坐标值。对于复杂零件的数学处理一般手工计算难以胜任，需借助计算机辅助计算。

四、坐标系统

1. 机床的坐标轴

数控车床是以机床原点为坐标原点建立的 X、Z 轴二维坐标系。Z 轴为主轴轴线方向，刀具远离工件的方向为正向。X 轴与主轴垂直，刀具远离主轴轴线的方向为正向。

2. 机床原点

机床原点为机床上的一个固定点，是由机床生产厂确定的。数控车床一般将其定义在主轴中心线与主轴前端面的交点处。

3. 参考点及机床坐标系

参考点是指刀架（刀架相关点）距离机床原点最远的一个固定点。该点在机床出厂时已调试好，并将数据固化到数控系统中。

如果以机床原点为坐标原点，建立一个 Z 轴与 X 轴的直角坐标系，则此坐标系就称为机床坐标系。

机床参考点的位置由设置在机床 X 向、Z 向滑板上的机械挡块通过行程开关来确定。当刀架返回机床参考点时，装在 X 向和 Z 向滑板上的两挡块分别压下对应的开关，向数控系统发出信号，滑板运动停止，即完成了返回机床参考点的操作。在机床通电之后，刀架返回参考点之前，无论刀架处于什么位置，此时，CRT 屏幕上显示 X、Z 坐标值均为 0（无意义）。当完成了返回机床参考点的操作后，CRT 屏幕上立即显示出刀架相关点在机床坐标系中的坐标值，即建立起了机床坐标系。MJ – 50 数控车床的机床坐标系及机床参考点与机床原点的相对位置如图 6 – 2 所示。

4. 刀架相关点

是指刀架上的某一位置点。所谓寻找机床参考点，就是使刀架相关点与机床参考点重合，从而使数控系统得到刀架相关点在机床坐标系中的位置。所有刀具的长度补偿值均是刀尖相对刀架相关点的长度尺寸。

5. 工件原点和工件坐标系

工件图样给出后，首先应找出图样上的设计基准点。其他各项尺寸均是以此点为基准进行标注。该点称为工件原点。以工件原点为坐标原点建立一个 XZ 直角坐标系，称为工件坐标系。

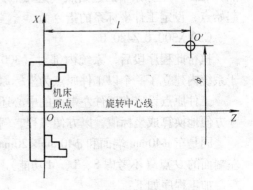

图 6 – 2　机床坐标系

工件原点是人为设定的，设定的依据是既要符合图样尺寸的标注习惯，又要便于编程。通常工件原点选择在工件右端面、左端面或卡爪的前端面。将工件安装在卡盘上，则机床坐标系与工件坐标系是不重合的。而工件坐标系的 Z 轴一般与主轴轴线重合，X 轴随工件原点位置不同而异。各轴正方向与机床坐标系相同。图 6 – 3 所示为以工件右端面为工件原点的工件坐标系。

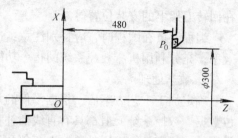

图 6 – 3　工件坐标系

6. 绝对编程与增量编程

X 轴和 Z 轴移动量的指令方法有绝对指令和增量指令两种。绝对指令是对各轴移动到终点的坐标值进行编程的方法，称为绝对编程法。增量指令是用各轴的移动量直接编程的方法，称为增量编程法。

绝对编程时，用 X、Z 表示 X 轴与 Z 轴的坐标值；增量编程时，用 U、W 表示 X 轴与 Z 轴上的移动量。在实际编程中，通常用绝对编程法，这样可以减少编程错误。有时为了避免编程时的一些尺寸计算，绝对编程和增量编程在同一程序段中可以混用。

7. 直径编程与小数点编程

数控车床均采用直径编程与小数点编程。直径编程是指在编程时与 X 轴有关的各项尺寸要用直径值编程。小数点编程是指在输入 X、Z 坐标值或 U、W 移动量时，要采用小数点格式。例如：从 A $(0，0)$ 移动到 B $(50，0)$，使用小数点编程时，表示方式为：$X50.$ 或 $X50.0$。在程序输入时，要特别注意小数点的输入。

第三节　数控车床编程方法

一、坐标系设定

工件装夹在卡盘上，机床坐标系与工件坐标是不重合的。为便于编程，应建立一个工件坐标系，使刀具在此坐标系中进行加工。

工件坐标系设定指令格式　G50X — Z —；

该指令规定刀具起刀点（或换刀点）至工件原点的距离。坐标值 X、Z 为刀尖（刀位点）在工件坐标系中的起始点（起刀点）位置。如图 6 – 3 所示，O 为工件原点，P_0 为刀尖起始点，设定工件坐标系的指令为

G50 X300.0 Z480.0

执行此程序段后，系统内部对 $(300，480)$ 进行记忆，并显示在显示器上，这就相当于系统内建立了一个以工件原点为坐标原点的工件坐标系。

工件原点设定在工件左端面的中心还是右端面的中心，主要是考虑能将工件图样上的尺寸方便地换算成坐标值，以方便编程，例如车削图 6 – 4 所示的阶梯轴。

同是车 $\phi40\text{mm}$ 端面和 $\phi40\text{mm} \times 20\text{mm}$ 外圆，如图 6 – 4a 所示，将工件原点设定在工件左端面的 O 点（不考虑 S、T、M 功能）。

加工程序如下：

O0410

```
…………
N0150   G00   X46.0  Z60.0;
N0160   G01   X0    F0.3;
N0170   G00   Z62.0;
…………
N0230   G00   X40.0  Z62.0;
N0240   G01   Z40.0  F0.3;
…………
```

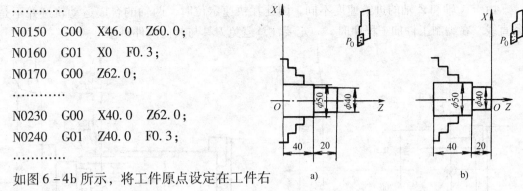

如图6-4b所示，将工件原点设定在工件右端面的O点。

图6-4 工件原点的确定

加工程序如下：
```
O0420
…………
N0150   G00   X46.0  Z0;
N0160   G01   X0    F0.3;
N0170   G00   Z2.0;
…………
N0230   G00   X40.0  Z2.0;
N0240   G01   Z-20.0  F0.3;
…………
```

从上述两例可以看出，将工件坐标系的工件原点设定在工件的右端面要比设定在工件左端面时计算各尺寸坐标值方便，从而给编程带来方便。故推荐采用图6-4b所示的方案，将工件原点设定在工件右端面的中心。

车床刀架的换刀点是指刀架转位换刀时所在的位置。换刀点是任意一点，可以和刀具起始点重合，它的设定原则是以刀架转位时不碰撞工件和机床上其他部件为准。换刀点的坐标值一般用实测的方法来设定。

二、快速定位

快速定位指令格式 G00 X（U）—Z（W）—；

当刀具快速移动时，用G00指令。该指令用于刀具快速趋近工件，或在切削完毕后使刀具快速撤离工件。

1. 工件采用卡盘装夹，不使用尾座时（见图6-5）

（1）刀具从点A到点B G00 X100.0 Z0.2；

（2）从点B返回到点A G00 X200.0 Z200.0；

2. 工件采用卡盘夹持，使用尾座顶尖时（见图6-6）

因有尾座顶尖，规定两轴不能同时运动。

（1）从点A到点B G00 Z2.0；

（2）从点B到点C G00 X80.0；

（3）从点C返回到点B G00 X200.0；

（4）从点B返回到点A G00 Z100.0；

由于 X 轴和 Z 轴的进给速度不同，因此在快速定位时，两轴的合成运动轨迹并不是一条直线。在编制工件加工程序时，一定要注意避免刀具与其他部件碰撞。

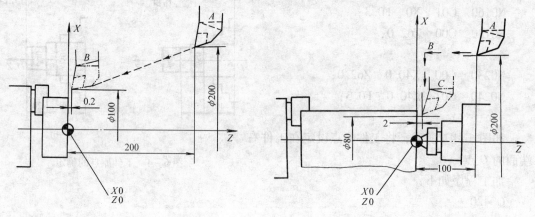

图 6 - 5　快速定位（不用尾座时）　　　　图 6 - 6　快速定位（用尾座时）

三、直线插补

直线插补指令格式　G01 X（U）— Z（W）—；

如图 6 - 7a 所示，车外圆　G01 Z - 10.0 F100；

如图 6 - 7b 所示，车轴肩端面　G01 X10.0 F100；

如图 6 - 7c 所示，车锥面　G01 X50.0 Z - 35.0 F100；

在程序中，应用第一个 G01 指令时，一定规定一个 F 指令。在以后的程序段中，在没有新的 F 指令以前，进给量保持不变，不必在每个程序段中都写入 F 指令。

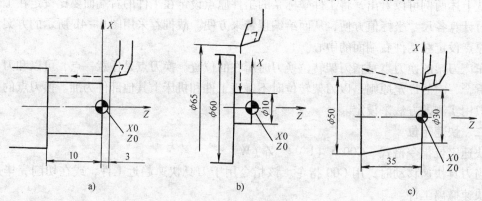

a)　　　　　　　　　　b)　　　　　　　　　　c)

图 6 - 7　直线插补

四、圆弧插补

1. 圆弧顺逆方向的判断

圆弧插补指令有顺时针圆弧插补指令 G02 和逆时针圆弧插补指令 G03。圆弧插补的顺逆方向判断为：沿与圆弧所在平面（如 $X - Z$ 平面）垂直的坐标轴的负方向（ $- Y$ ）看去，顺时针方向为 G02，逆时针方向为 G03。

2. G02/G03 指令的格式

G02/G03 指令不仅要指定圆弧的终点坐标，还要指定圆弧的圆心位置。指定圆弧圆心位置的方法有两种：

（1）用 I、K 指定圆心位置　G02/G03　X（U）—Z（W）—I—K—F—；

（2）用圆弧半径 R 指定圆心位置　G02/G03　X（U）—Z（W）—R—F—；

3. 几点说明

1）采用绝对编程时，圆弧终点坐标为圆弧终点在工件坐标系中的坐标值，用 X、Z 表示；采用增量编程时，圆弧终点坐标为圆弧终点相对圆弧起点的增量值，用 U、W 表示。

2）圆心坐标 I、K 的表示是：不管采用绝对编程还是采用增量编程，圆心坐标均为圆心相对于圆弧起点的增量值。

3）当用半径 R 指定圆心位置时，由于在同一半径 R 的情况下，从圆弧的起点到终点有两种可能。为区别，规定圆弧的圆心角 $\theta \leqslant 180°$ 时，用 "$+R$" 表示；圆弧的圆心角 $\theta > 180°$ 时，用 "$-R$" 表示。

4. 编程方法举例

例 6–1　G02 插补指令（见图 6–8）。

方法一：用 I、K 指定圆心位置，绝对编程。

………

N0060　G00　X20.0　Z2.0；

N0070　G01　Z–30.0　F0.3；

N0080　G02　X40.0　Z–40.0　I10.0　K0 F0.15；

………

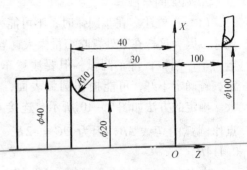

增量编程：

………

N0060　G00　U–80.0　W–98.0；

N0070　G01　W–30.0　F0.3；

N0080　G02　U20.0　W–10.0　I10.0　K0　F0.15；

………

图 6–8　顺时针圆弧插补

方法二：用圆弧半径 R 指定圆心位置，绝对编程。

………

N0070　G01　Z–30.0　F0.3；

N0080　G02　X40.0　Z–40.0　R10.0 F0.15；

………

例 6–2　G03 插补指令（见图 6–9）。

方法一：用 I、K 指定圆心位置，绝对编程。

………

N0060　G00　X28.0　Z2.0；

N0070　G01　Z–40.0　F0.3；

N0080　G03　X40.0　Z–46.0　I0　K–6.0 F0.15；

………

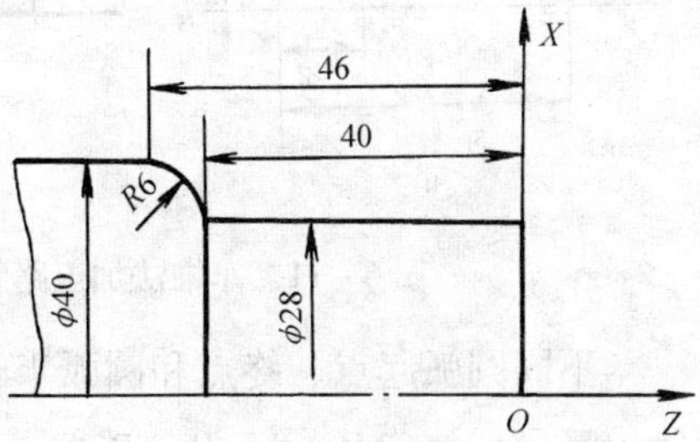

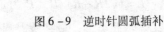

图 6–9　逆时针圆弧插补

增量编程：

………
```
N0060    G00    X28.0    Z2.0;
N0070    G01    Z-40.0    F0.3;
N0080    G03    U12.0    W-6.0    I0    K-6.0    F0.15;
```
………

方法二：用圆弧半径 R 指定圆心位置，绝对编程。

………
```
N0060    G00    X28.0    Z2.0;
N0070    G01    Z-40.0    F0.3;
N0080    G03    X40.0    Z-46.0    R6.0    F0.15;
```
………

5. 圆弧的车法

（1）车锥法　在车圆弧时，不可能一刀就把圆弧车到所需尺寸，因为这样在某处背吃刀量太大，容易打刀。可以先多次走刀车一圆锥，再车圆弧。但要注意车锥时起点和终点的确定，若确定不好，可能损伤圆弧表面，也可能将余量留得太大。确定的方法如图 6-10 所示，连接 OC 交圆弧于 D 点作圆弧的切线 AB，因为 $OC = \sqrt{2}R$，所以 $CD = \sqrt{2}R - R = 0.414R$。

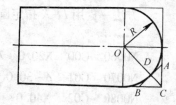

图 6-10　车锥法

由 R 和 $\triangle ABC$ 的关系可得：$AC = BC = 0.586R$，即车锥时，加工路线不能超过 AB 线，否则就要损伤圆弧表面。一般取 $AC = BC = 0.5R$。

多次走刀车圆锥的加工路线一般有两种，如图 6-11 所示。这里不再详述。

（2）车圆法　车圆法就是用不同半径的同心圆来车削，最终将所需的圆弧车出来，如图 6-12 所示。

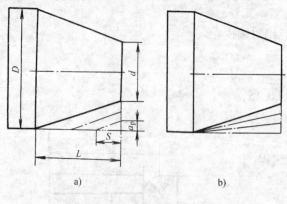

图 6-11　车锥法加工路线

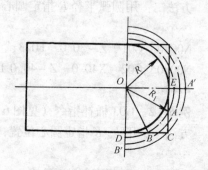

图 6-12　车圆法

不同圆弧起点、终点和圆弧半径的确定方法如下。由图 6-12 可知，$OC = \sqrt{2}R$，则每次吃刀量：$L = (\sqrt{2}R - R)/P$（P 为走刀次数），则圆弧 $A'B'$ 的半径为 $\sqrt{2}R$，圆弧 AB 的半径为 $\sqrt{2}R - 2L$。依此类推，最终所需圆弧 ED 的半径为 R。各圆弧起点和终点的坐标就容易确定了。此种加工方法的缺点是空行程时间较长。

坐标值相同，切削出的工件没有形状误差和尺寸误差，因此可以不考虑刀尖半径补偿。如果切削外圆后继续切削虚线所示的端面，则在外圆与端面的连接处，存在加工误差 BCD（误差值为刀尖圆弧半径），这一加工误差是不能靠刀尖半径补偿方法来修正的。

切削圆锥和圆弧部分（见图 6-13）时，仍然以理论刀尖点 P 来编程，刀具运动过程中与工件接触的各切点为图 6-13 所示的无刀具补偿时的轨迹。该轨迹与工件加工要求的轨迹之间存在着图中斜线部分的误差，直接影响到工件的加工精度，而且刀尖圆弧半径越大，形状误差越大。可见，对刀尖圆弧半径进行补偿是十分必要的。当采用刀尖圆弧半径补偿时，切削出的工件轮廓就是图 6-13 中工件加工要求的轨迹。

3. 实现刀尖圆弧半径补偿功能的准备工作

在加工工件之前，要把刀尖半径补偿的有关数据输入到刀补表中，以便使数控系统能够对刀尖圆弧半径所引起的误差进行自动补偿。

（1）刀尖半径　工件的形状与刀尖半径的大小有直接关系，必须将刀尖圆弧半径值输入到刀补表中。

（2）车刀的形状和位置参数　车刀的形状很多，它能决定刀尖圆弧所处的位置，因此也要把代表车刀形状和位置的参数输入到刀补表中。一般将车刀的形状和位置参数称为刀尖方位 T。车刀的形状和位置如图 6-14 所示，分别用参数 0~9 表示，P 点为理论刀尖点。

（3）参数的输入　与每个刀具补偿号相对应有一组 X 和 Z 的刀具长度补偿值、刀尖圆弧半径 R 以及刀尖方位 T 值。输入刀尖圆弧半径补偿值，就是要将参数 R 和 T 输入到刀补表中。例如某程序中编入下面的程序段

N100　G00　G42　X100.0　Z3.0　T0101；

此时若输入刀具补偿号为 01 的参数，CRT 屏幕上显示图 6-15 的内容。在自动加工工件的过程中，数控系统按照刀具表中 01 补偿栏内的 X、Z、R、T 的数值，自动修正刀具的位置误差和自动进行刀尖圆弧半径的补偿。数控加工程序在自动执行前，均先将各刀具补偿值输入刀补表。各刀具补偿值输入刀补表时要注意一一对应，否则在自动加工过程中会发生意外，这一点应特别注意。

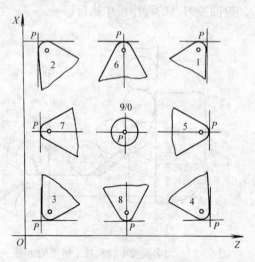

图 6-14　车刀形状和位置

OFFSET/WEAR　　　　　　　　O0002　N0400

No	X	Z	R	T
01	001.060	001.200	002.000	1
02	000.750	000.300	000.800	2
03	001.008	001.430	000.000	0
04	000.020	000.090	000.000	0
05	000.520	002.000	000.000	0
06	000.240	000.000	000.000	0
07	000.000	000.000	000.000	0
08	000.000	000.000	000.000	0

ACTUAL POSITION（RELATIUE）

U　　　476　　　　　W　　　　532

S　0　T0800

ADRS　　　　　　　JOG

图 6-15　刀具补偿值显示

4. 刀尖圆弧半径补偿的方向

在进行刀尖圆弧半径补偿时，刀具和工件的相对位置不同，刀尖半径补偿的指令也不同，图 6-16 表示刀尖圆弧半径补偿的两种不同方向。

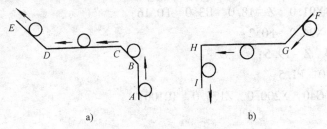

图 6-16 刀尖圆弧半径补偿方向

a) 刀尖半径右补偿 b) 刀尖半径左补偿

如图 6-16a 所示，刀尖沿 *ABCDE* 运动，顺着刀尖运动方向看，刀具在工件的右侧，即为刀具的右补偿。用 G42 指令刀尖半径右补偿。如图 6-16b 所示，刀尖沿 *FGHI* 运动，顺着刀尖运动方向看，刀具是在工件的左侧，即为刀具的左补偿。用 G41 指令刀尖半径左补偿。如果取消刀具的左补偿或右补偿，可用 G40 指令编程，则车刀轨迹按现刀尖轨迹运动。

例 6-3 如图 6-17 所示，应用刀尖圆弧半径补偿功能的加工程序如下：

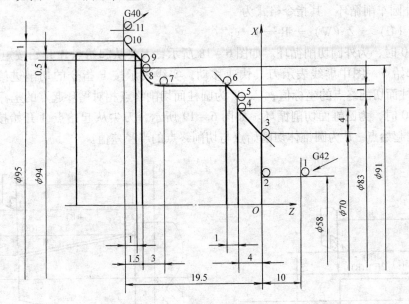

图 6-17 刀尖圆弧半径补偿编程举例

```
O0430
N0010   G50   X200.0   Z175.0   T0101;
N0020   S870   M03;
N0030   G00   G42   X58.0   Z10.0   M08;
N0040   G01   Z0   F1.5;
N0050   X70.0   F0.2;
N0060   X78.0   Z-4.0;
```

N0070　X83.0；

N0080　X85.0　Z－5.0；

N0090　Z－15.0；

N0100　G02　X91.0　Z－18.0　R3.0　F0.16；

N0110　G01　X94.0　F0.2；

N0120　X97.0　Z－19.5；

N0130　X100.0　F1.5；

N0140　G00　G40　X200.0　Z175.0　T0100；

N0150　M02；

注意：建立刀具半径补偿功能时，即使用 G41/G42 指令时，只能用 G00/G01 指令，不能用 G02/G03 指令。另外，必须在刀具移动过程中才能建立刀具半径补偿功能。

六、固定循环的应用

MJ－50 数控车床使用的 FANUC－OTE 数控系统具有循环功能（见表 6－3）。若能恰当地使用循环功能编制程序，可免去许多复杂的计算过程，程序也得到简化。

1. 单一固定循环

可以用 G90、G94、G92 代码分别进行外圆切削循环、端面切削循环和螺纹切削循环。

（1）外圆车削循环　其指令格式为

G90 X（U）—Z（W）—R—F—；

当 R＝0 时，为外圆切削循环。如图 6－18 所示，刀尖从起始点 A 开始按矩形循环，最后又回到起始点。图中虚线表示刀具快速移动，实线表示按 F 指令的切削进给速度移动。X、Z 为圆柱面切削终点的坐标值，U、W 为圆柱面切削终点相对循环起点的坐标值。

当 R≠0 时，为圆锥面切削循环。如图 6－19 所示，刀尖从起始点 A 开始按梯形循环，最后又回到起始点。R 为圆锥体切削始点与切削终点的半径差值。

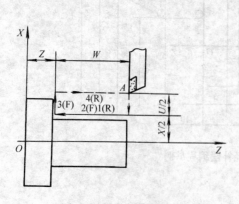

图 6－18　外圆切削循环

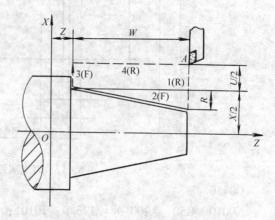

图 6－19　圆锥面切削循环

例 6－4　图 6－20 所示外圆的加工程序为

O0440

N0100　G50　X200.0　Z200.0　T0101；

N0110　S650　M03；

N0120　　G00　X55.0　Z2.0　M08；

N0130　　G90　X45.0　Z－25.0　F0.35；

N0140　　X40.0；

N0150　　X35.0；

N0160　　G00　X200.0　Z200.0　T0100；

N0170　　M02；

例 6 - 5　图 6 - 21 所示圆锥面的加工程序为

O0450

………

N0130　　G00　X65.0　Z2.0　F0.3；

N0140　　G90　X60.0　Z－35.0　R－5.0；

N0150　　X50.0；

N0160　　G00　X200.0　Z200.0；

………

在 N0140 程序段中，$R = (D - d)/2 = (40 - 50)/2\text{mm} = -5\text{mm}$。

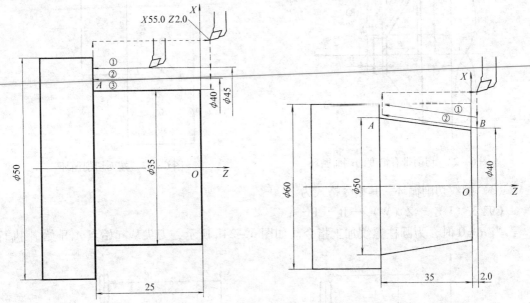

图 6 - 20　外圆切削循环举例　　　　　图 6 - 21　圆锥面切削循环举例

（2）端面切削循环　G94 X（U）－Z（W）－R－F－；

当 $R = 0$ 时，为端面切削循环。

当 $R \neq 0$ 时，为切削带有锥度的端面循环。如图 6 - 22 所示，刀尖从起始点 A 开始按 1、2、3、4 顺序循环，2（F）、3（F）表示 F 代码指令的切削进给速度，1（R）、4（R）的虚线表示刀具快速移动。R 为锥面的长度。

例 6 - 6　图 6 - 23 所示端面的切削加工程序为

O0460

N0100　　G50　X200.0　Z200.0　T0101；

98

```
N0110    S650   M03;
N0120    G00    X85.0  Z5.0   M08;
N0130    G94    X30.0  Z-5.0   F0.4;
N0140    Z-10.0;
N0150    Z-15.0;
N0160    G00    X200.0  Z200.0   T0100   M09;
N0170    M02;
```

注意：使用 G90 指令时，所用刀具为外圆车刀；使用 G94 指令时，所用刀具为端面车刀。

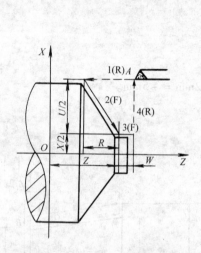

图 6-22　切削带有锥度的端面循环

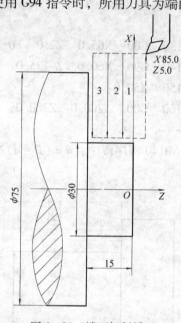

图 6-23　端面切削循环

（3）螺纹切削循环　其指令格式为

G92 X（U）－Z（W）－R－F—；

当 $R=0$ 时，为圆柱螺纹加工指令。如图 6-24a 所示，刀尖从起始点 A 开始，执行

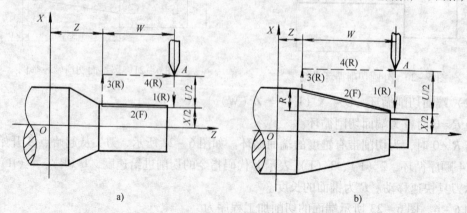

图 6-24　螺纹切削循环

"切入→切螺纹→退刀→返回起始点 A"的矩形循环。螺纹导程用 F 直接指令。

当 $R \neq 0$ 时，为圆锥螺纹加工指令。如图 6-24b 所示，刀尖从起始点 A 开始，执行"切入→切螺纹→退刀→返回起始点 A"的梯形循环。R 为圆锥体切削始点与切削终点的半径差值，其用法同 G90 指令。

例 6-7 图 6-25 所示圆柱螺纹的加工程序为

O0470

N0100　G50　X200.0　Z200.0　T0101；

N0110　S110　M03；

N0120　G00　X35.0　Z104.0　M08；

N0130　G92　X29.2　Z54.0　F1.5；

N0140　X28.6；

N0150　X28.2；

N0160　X28.04；

N0170　G00　X200.0　Z200.0　T0100

M09；

N0180　M02；

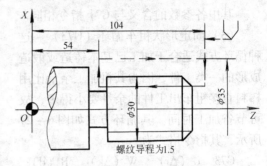

图 6-25　圆柱螺纹切削循环应用

注意：由于螺纹加工起始时有一个加速过程，结束前有一个减速过程，在这两个过程中，螺距不可能保持恒定，因此加工螺纹时，两端必须设置足够的加速进刀段和减速退刀段。一般加速进刀段和减速退刀段取 1~2mm。

2. 复合固定循环指令

用 G70、G71、G72、G73 指令分别进行精车循环、外圆粗车循环、端面粗车循环、固定形状粗车循环，主要用于加工需要多次进给的粗车。为了避免重复编写程序并减少差错，数控系统能自动地计算出粗加工路线和进给次数，并控制机床自动完成工件的加工。

（1）外圆粗车循环（G71）　它适用于棒料毛坯除去较大余量的切削。粗车后为精车留有 Δw、Δu（直径值）的精车余量。如图 6-26 所示，刀尖从 C 点出发，A 点为循环的起始点。若指定了由 $A \to A' \to B$ 的加工路线，并指定每次进给 X 轴上

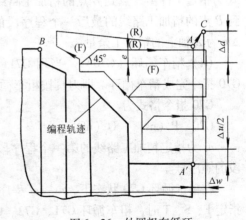

图 6-26　外圆粗车循环

的进给量 Δd，数控系统将控制刀尖由 A 点开始按照图中箭头指示方向实现粗加工循环，其加工路线为平行于 Z 轴的多次切削。

其指令格式为

G71　U（Δd）　R（e）；

G71　P（ns）　Q（nf）　U（Δu）　W（Δw）　F（f）　S（s）　T（t）；

G71 指令中各参数的含义为：Δd 为背吃刀量（半径值），该值设有正负号，方向为 AA' 的方向；e 为每次切削循环的退刀量，可由参数设定；ns 为指定工件由 A 点到 B 点的精加工路线的第一个程序段的顺序号；nf 为指定工件由 A 点到 B 点的精加工路线的最后一个程序

段的顺序号；Δu 为 X 方向上的精车余量（直径值）；Δw 为 Z 方向上的精车余量。

（2）端面粗车循环（G72） G72 指令与 G71 指令均为粗车循环指令，其加工路线为平行于 X 轴的多次切削，用于端面形状变化大的场合。

其指令格式为

G72 U (Δd) R (e);

G72 P (ns) Q (nf) U (Δu) W (Δw) F (f) S (s) T (t);

其中各参数的含义与 G71 指令相同。

（3）固定形状粗车循环（G73） 这种循环方式适合于加工已基本铸造或锻造成形的一类工件，因为其粗加工余量比用棒料直接粗车出工件的余量要小得多，故可节省加工时间。其循环方式如图 6－27 所示，其指令格式为

G73 U (Δi) W (Δk) R (d);

G73 P (ns) Q (nf) U (Δu)

W (Δw) F (f) S (s) T (t);

G73 指令中各参数的含义为：Δi 为 X 轴上的总退刀量（半径值）；Δk 为 Z 轴上的总退刀量；d 为重复加工的次数；

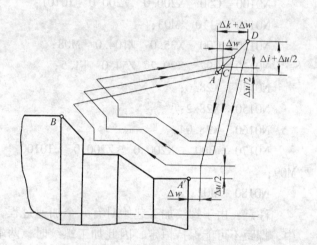

图 6－27 固定形状粗车循环

ns 为指定工件由 A 点到 B 点的精加工路线的第一个程序段的顺序号；nf 为指定工件由 A 点到 B 点的精加工路线的最后一个程序段的顺序号；Δu 为 X 轴上的精加工余量（直径值）；Δw 为 Z 轴上的精加工余量。

（4）精车循环（G70） 当用 G71、G72、G73 指令对工件进行粗加工之后，可以用 G70 指令完成精车循环。即刀具按粗车循环指令的精加工路线，切除粗加工中留下的余量。

G70 指令格式为

G70 P (ns) Q (nf);

ns 为指定精加工路线的第一个程序段的顺序号；nf 为指定精加工路线的最后一个程序段的顺序号。

在精车循环 G70 状态下，$ns{\rightarrow}nf$ 程序段中指定的 F、S、T 有效。当 $ns{\rightarrow}nf$ 程序段中不指定 F、S、T 时，粗车循环 G71、G72、G73 指令中指定的 F、S、T 有效。

应注意以下几点：

1）在进行粗加工循环时，只有含在 G71、G72、G73 程序段中的 F、S、T 功能才有效。而包含在 $ns\sim nf$ 程序段中的 F、S、T 功能在精加工循环时才有效。

2）$A'{\rightarrow}B$ 之间必须符合 X 轴、Z 轴方向的共同单调增大或减小的模式。

例 6－8 图 6－28 所示是一个使用外圆粗车循环和精车循环加工举例。

毛坯的直径为 $\phi95mm$，要求粗加工循环时，背吃刀量为 6mm，退刀量为 1mm，进给量为 0.3mm/r。精加工循环时，进给量为 0.15mm/r，直径方向精加工余量为 0.4mm，轴向精加工余量为 0.2mm。工件坐标系如图 6－28 所示。

O0480

…………

N0100   G00   X96.0   Z20.0;
N0110   G71   U6.0   R1.0;
N0120   G71   P0130   Q0220   U0.4   W0.2
F0.3;
N0130   G00   X42.0;   （ns）
N0140   G01   Z0   F0.15;
N0150   G03   X52.0   Z-5.0   R5.0;
N0160   G01   Z-30.0;
N0170   X65.0;
N0180   X68.0   Z-31.5;
N0190   Z-63.0;
N0200   X73.0;
N0210   X95.0   Z-70.0;
N0220   Z-85.0;   （nf）
N0230   G70   P0130   Q0220;
N0240   M02;

注：该加工程序若不要 N0230 程序段，则为粗加工循环。

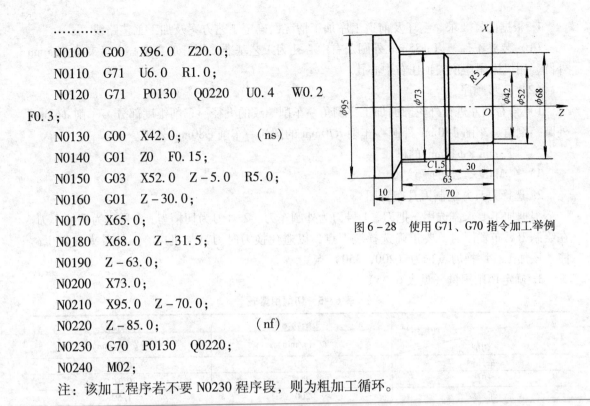

图 6-28   使用 G71、G70 指令加工举例

第四节   数控车床编程举例

一、轴类带中心孔工件加工编程

在 MJ-50 型数控车床上对图 6-29 所示的工件进行精加工，$\phi85mm$ 外圆不加工。毛坯为 $\phi85mm \times 340mm$ 棒料，材料为 45 钢。要求编制其精加工程序。

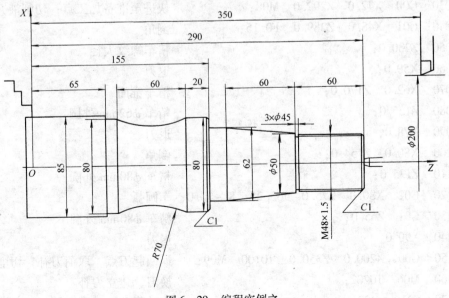

图 6-29   编程实例之一

1. 根据图样要求、毛坯及前道工序加工情况，确定工艺方案及加工工艺路线

（1）装夹工件　以 φ85mm 外圆及右中心孔为工艺基准，用三爪自定心卡盘夹持 φ85mm 外圆，用机床尾座顶尖顶住右中心孔。

（2）工步顺序

1）自右向左进行外轮廓面加工：倒角→车削螺纹的大径→车削锥度部分→车削 φ62mm 外圆→倒角→车削 φ80mm 外圆→车削 R70mm 的圆弧→车削 φ80mm 外圆。

2）切 3mm × φ45mm 的槽。

3）车 M48 × 1.5 的螺纹。

2. 选择刀具并绘制刀具布置图

根据加工要求需选用三把刀，1 号刀为外圆车刀，2 号刀为切槽刀，3 号刀为螺纹车刀。在绘制刀具布置图时，要正确选择换刀点，以避免换刀时刀具与机床、工件及夹具发生碰撞。该加工程序换刀点选为（200，350）点。

3. 确定切削用量（见表 6-5）

表 6-5　切削用量表

切削表面 \ 切削用量	主轴转速 $v/$ (r/min)	进给速度 $f/$ (mm/min)
车外圆	630	0.15
切槽	315	0.16
车螺纹	200	1.50

4. 编制加工程序

以三爪自定心卡盘前端面中心 O 点为工件原点，建立工件坐标系。精加工程序及说明如下：

O0490

N0010	G50　X200.0　Z350.0　T0101；	建立工件坐标系
N0020	S630　M03；	主轴起动
N0030	G00　X42.0　Z292.0　M08；	快进至准备加工点；切削液开
N0040	G01　X48.0　Z289.0　F0.15；	倒角
N0050	Z230.0；	精车螺纹大径
N0060	X50.0；	退刀
N0070	X62.0　Z170.0；	精车锥面
N0080	Z155.0；	精车 φ62mm 外圆
N0090	X78.0；	退刀
N0100	X80.0　Z154.0；	倒角
N0110	Z135.0；	精车 φ80mm 外圆
N0120	G02　X80.0　Z75.0　I63.25　K-30.0；	车圆弧
N0130	G01　Z65.0；	精车 φ80mm 外圆
N0140	X90.0；	退刀
N0150	G00　X200.0　Z350.0　T0100　M09；	返回起刀点，取消刀补，切削液关
N0160	M06　T0202；	换刀，建立刀补
N0170	S315　M03；	主轴起动

N0180　G00　X51.0　Z230.0　M08；	快进至加工准备点；切削液开
N0190　G01　X45.0　F0.16；	车 φ45mm 槽
N0200　G00　X52.0；	退刀
N0210　　　X200.0　Z350.0　T0200　M09；	返回起刀点，取消刀补，切削液关
N0220　M06　T0303；	换刀，建立刀补
N0230　S200　M03；	主轴起动
N0240　G00　X62.0　Z296.0　M08；	快进至准备加工点，切削液开
N0250　G92　X47.54　Z228.5　F1.5；	螺纹切削循环
N0260　　　X46.94；	
N0270　　　X46.54；	
N0280　　　X46.38；	
N0290　G00　X200.0　Z350.0　T0300　M09；	返回起刀点，取消刀补，切削液关
N0300　M02；	程序结束

注意：

1) 倒角的尺寸计算。

2) 螺纹小径的计算应符合 GB/T196 - 2003。该加工程序中螺纹小径计算值为 46.38mm。

二、盘类工件加工编程

工件如图 6 - 30 所示，材料为 45 钢，毛坯为圆钢，左侧端面 φ95mm 外圆已加工，φ55mm 内孔已钻出为 φ54mm。

1. 根据图样要求、毛坯及前道工序加工情况，确定工艺方案及加工路线

（1）装夹工件　以已加工外圆 φ95mm 及左端面为工艺基准，用三爪自定心卡盘夹持工件。

（2）工步顺序

1) 粗车外圆及端面，加工路线如图 6 - 31 所示。

2) 粗车内孔，加工路线如图 6 - 32 所示。

3) 精车外轮廓及端面，加工路线如图 6 - 33 所示。

4) 精车内孔，加工路线如图 6 - 34 所示。

2. 刀具选择及刀位号

选择刀具及刀位号，如图 6 - 35 所示。

3. 确定切削用量

切削用量详见加工程序。

4. 编制加工程序

以工件右端面中心为工件原点 O（见各工步加工路线图），换刀点定为（200，200）。加工程序及说明如下：

O0496

N0010 G50 X200.0 Z200.0 T0101；　　建立工件坐标系，调 1 号刀并刀补

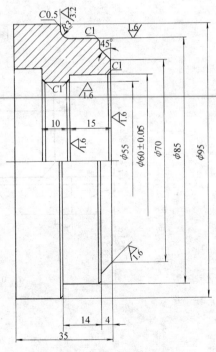

图 6 - 30　编程实例之二

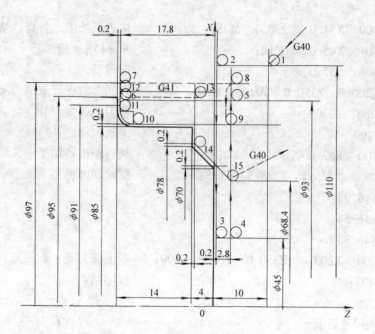

图6-31 粗车外圆及端面

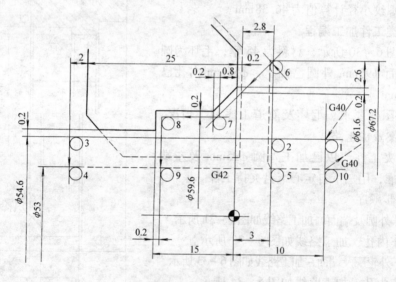

图6-32 粗车内孔

N0020 G96 S120 M03；　　　　　　　　主轴以恒速控制 $v=120\text{m/min}$，正转起动
N0030 G00 X110.0 Z10.0 M08；　　　　快进至准备加工点，切削液开
N0040 G01 Z0.2 F3.0；　　　　　　　　工进至点（110,0.2），进给量为3.0mm/r
N0050 X45.0 F0.2；　　　　　　　　　　粗车端面
N0060 Z3.0；　　　　　　　　　　　　　纵向退刀
N0070 G00 G97 X93.0 S400；　　　　　横向快退，取消主轴恒速控制
　　　　　　　　　　　　　　　　　　　主轴转速为400r/min
N0080 G01 Z-17.8 F0.3；　　　　　　　粗车外圆至 ϕ93mm

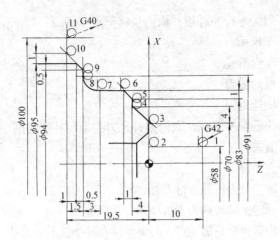

图 6-33 精车外轮廓及端面

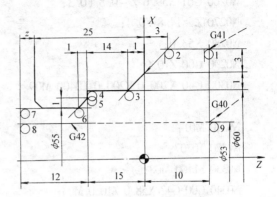

图 6-34 精车内孔

T1	T3	T5	T7	T9
T2	T4	T6	T8	T10

图 6-35 刀具及刀位号

N0090 X97.0;	横向退刀
N0100 G00 Z3.0;	纵向快退
N0110 G42 X85.4;	刀尖半径右补偿并横向快进
N0120 G01 Z-15.0;	粗车外圆至φ85.4mm
N0130 G02 X91.0 Z-17.8 R2.8;	粗车R3mm顺时针圆弧至R2.8mm
N0140 G01 X95.0;	横向退刀
N0150 G00 G41 Z-3.8;	刀尖半径左补偿并纵向快进
N0160 G01 X78.4 F0.3;	横向进刀
N0170 X64.8 Z3.0;	车锥面
N0180 G00 G40 T0100 X200.0 Z200.0 M09;	快退至换刀点,取消刀补及刀尖半径补偿 切削液关
N0190 M01 T0404;	选择停,调4车刀并进行刀补
N0200 S350 M08;	确定主轴转速为350r/min,切削液开
N0210 G00 X54.6 Z10.0 M03;	快进至准备加工点,主轴起动
N0220 G01 Z-27.0 F0.4;	粗车内孔至φ54.6mm
N0230 X53.0;	横向退刀
N0240 G00 Z3.0;	纵向快退

N0250 G41 X67.2;	刀尖半径左补偿并横向快移至点（69.2，3）
N0260 G01 X59.6 Z−0.8 F0.3;	车锥面
N0270 Z−14.8 F0.4;	车台阶孔
N0280 X53.0;	横向退刀
N0290 G00 Z10.0;	快速退刀
N0300 G40 X200.0 Z200.0 T0400 M09;	快退至换刀点，取消刀补及刀尖半径补偿切削液关
N0310 M01;	选择停
N0320 T0707;	调7号刀，并进行刀补
N0330 S1100 M08;	确定主轴转速为350r/min，切削液开
N0340 G00 G42 X58.0 Z10.0 M03;	快进至准备加工点，刀尖半径右补偿，主轴起动
N0350 G01 G96 Z0 F1.5 S200;	主轴以恒速控制 $v=200$m/min，纵向进刀
N0360 X70.0 F0.2;	精车端面
N0370 X78.0 Z−4.0;	精车锥面
N0380 X83.0;	精车台阶端面
N0390 X85.0 Z−5.0;	精车 1mm×45°（C1）倒角
N0400 Z−15.0;	精车 ϕ85mm 外圆
N0410 G02 X91.0 Z−18.0 R3.0;	精车 R3mm 圆弧
N0420 G01 X94.0;	精车 ϕ94mm 台阶端面
N0430 X97.0 Z−19.5;	精车 0.5mm×45°（C0.5）倒角
N0440 X100.0;	横向快退
N0450 G00 G40 X200.0 Z200.0 T0700 M09;	快退至换刀点，取消刀补及刀尖半径补偿切削液关
N0460 M01;	选择停
N0470 T0808;	调8号刀并进行刀补
N0480 G97 S1000 M08;	取消主轴恒速控制，主轴转速为1000r/min切削液开
N0490 G00 G41 X68.0 Z10.0 M03;	快进至准备加工点，刀尖半径右补偿，主轴起动
N0500 G01 Z3.0 F1.5;	纵向进刀
N0510 X60.0 Z−1.0 F0.2;	精车 1mm×45°（C）倒角
N0520 Z−15.0 F0.15;	精车 ϕ60mm 内孔
N0530 X57.0 F0.2;	精车 ϕ57mm 小台阶端面
N0540 X55.0 Z−16.0;	精车 1mm×45°（C1）倒角
N0550 Z−27.0;	精车 ϕ55mm 内孔
N0560 X53.0;	横向退刀
N0570 G00 Z10.0 M09;	纵向快退
N0580 G40 X200.0 Z200.0 T0800;	快退至换刀点，取消刀补及刀尖半径补偿
N0590 M02;	程序结束

习题与思考题

6-1　简述数控车床坐标系及编程特点。

6-2　使用 G50 指令应注意什么？

6-3　使用 G02/G03 指令应注意什么？

6-4　使用 G71、G72、G73 指令时应注意什么？

6-5　M00、M01、M02、M30 的区别在哪里？

6-6　刀具补偿的意义是什么？车刀的刀具补偿参数有哪些？

6-7　开机后返回机床参考点的目的是什么？哪些情况下需要返回机床参考点？

6-8　描述手摇轮进给操作步骤和加工程序手动输入（MDI）的操作步骤。

6-9　编制图 6-36 所示零件的数控加工程序。毛坯尺寸为 $\phi62\text{mm} \times 120\text{mm}$。

6-10　编制图 6-37 所示零件的精加工程序。

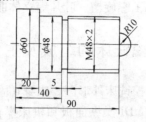

图 6-36　题 6-9 图

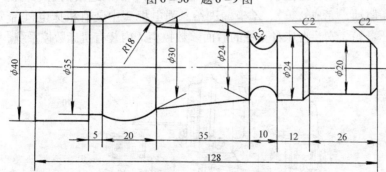

图 6-37　题 6-10 图

第七章　数控铣床编程与操作

数控铣床是一种用途广泛的机床，有立式和卧式两种。一般数控铣床是指规格较小的升降台数控铣床，其工作台宽度多在 400mm 以下。规格较大的数控铣床，例如工作台宽度在 500mm 以上的，其功能已向加工中心靠近，进而演变成柔性加工单元。数控铣床多为三坐标、两坐标联动的机床，也称两轴半控制，即 X、Y、Z 三个坐标轴，任意两轴都可以联动。一般情况下，数控铣床只能加工平面曲线轮廓。对于有特殊要求的数控铣床，还可以加进一个回转的 A 坐标或 C 坐标，即增加一个数控分度头或数控回转工作台，这时机床的数控系统为四坐标数控系统，可以用来加工螺旋槽、叶片等立体曲面工件。

第一节　数控铣床的组成及主要技术规格

图 7-1 所示为 XK5040A 型数控铣床外形图。床身 6 固定在底座 1 上，用于安装和支撑机床各部件。操纵台 10 上有 CRT/MDI 操纵面板和机床操作面板。纵向工作台 16、横向溜板 12 安装在升降台 15 上，通过纵向进给伺服电动机 13、横向进给伺服电动机 14 和升降进给伺服电动机 4 驱动，完成 X、Y、Z 坐标进给。强电柜 2 中装有机床电气部分的接触器、继电器等。变压器箱 3 安装在床身立柱的后面。数控柜 7 内装有机床数控系统。保护开关 8、

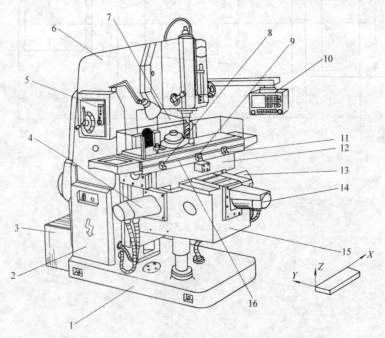

图 7-1　XK5040A 型数控铣床外形图

1—底座　2—强电柜　3—变压器箱　4、13、14—纵向、横向、升降进给伺服电动机　5—按钮板　6—床身
7—数控柜　8、11—保护开关　9—挡铁　10—操纵台　12—横向溜板　15—升降台　16—纵向工作台

11 可控制纵向行程硬限位。挡铁 9 为纵向参考点设定挡铁。主轴变速手柄和按钮板 5 用于手动调整主轴的正、反转、停止及切削液开停等。

一、数控铣床的结构特点

数控铣床在外观上与通用铣床有不少相似之处，但实际上数控铣床在结构上的内涵要复杂得多。与其他数控机床相比，数控铣床在结构上主要有以下两个特点：

1. 控制机床运动的坐标特点

为了要将工件上各种复杂的形状轮廓连续加工出来，必须控制刀具沿设定的直线、圆弧轨迹运动，这就要求数控铣床的伺服系统能在多坐标方向同时协调动作，并保持预定的相互关系，也就是要求机床应能实现两轴以上的联动。该机床控制的坐标数是三坐标中任意两坐标联动。

2. 数控铣床的主轴特点

现代数控铣床主轴的起动与停止、主轴正反转及主轴变速等都可以按程序自动执行。在数控铣床的主轴套筒内设有自动拉刀及自动退刀装置，能在数秒钟内完成装刀、卸刀动作，换刀方便、快捷。

二、XK5040A 型数控铣床的主要技术参数

工作台工作面积（长×宽）	1600mm×400mm
工作台最大纵向行程	900mm
工作台最大横向行程	375mm
工作台最大垂向行程	400mm
工作台 T 形槽数	3
工作台 T 形槽宽	18mm
工作台 T 形槽间距	100mm
主轴孔锥度	7:24 圆锥50号
主轴孔直径	27mm
主轴套筒移动距离	70mm
主轴端面到工作台端面距离	50~450mm
主轴中心线至床身垂直导轨距离	430mm
工作台侧面至床身垂直导轨距离	30~405mm
主轴转速范围	30~1500r/min
主轴转速级数	18
工作台进给量 纵向	10~1500mm/min
横向	10~1500mm/min
垂向	10~600mm/min
主电动机功率	7.5kW
伺服电动机额定扭矩 X 向	18N·m
Y 向	18N·m
Z 向	35N·m
机床外形尺寸（长×宽×高）	2495mm×2100mm×2170mm

三、KND200M 数控系统的主要技术规格及功能

XK5040A 型数控铣床配置 KND200M 数控系统。其主要技术规格及功能如表 7 – 1 所示。

表 7 – 1 KND200M 数控系统主要技术规格及功能

序号	名　　称	规　　格
1	控制轴数	X、Y、Z 三轴
2	同时控制轴数	可同时控制三轴，手动操作仅一轴（本机床可同时控制两轴）
3	设定单位	最小设定单位　0.001mm　0.0001in 最小移动单位　0.001mm　0.0001in
4	最大指令值	±9999.999mm ±999.9999in
5	加工程序的输入	加工程序输入方式如下： （1）MDI 键盘输入 （2）KERNEL 通用编程器输入
6	加工程序存储容量	48KB
7	加工程序的编辑	用 MDI 面板操作，对程序进行下述编辑： （1）字符的插入、修改、删除 （2）程序段或到指定程序段以前的删除 （3）程序的删除
8	小数点的输入	可以输入带小数点的数值，使用小数点的地址是 X、Y、Z、I、J、R、F、Q
9	加工程序的输出	把存储器中的程序输出到 KERNEL 编程（PC）机
10	快速进给速率	单轴快速进给速率由机床厂家设定（参数 NO.38 ~ 40），最高可达 1500mm/min 或 600in/min
11	快速进给倍率	F_0、25%、50%、100% 四挡，进给速度范围为 1 ~ 1500mm/min 或 0.01 ~ 600.00in/min
12	进给速度	切削速度上限可用参数（NO.045）设定
13	进给速度倍率	0 ~ 150%（每挡 10%）
14	自动加减速	在移动开始和移动结束速度变化时自动地进行加减速，能平稳地起动、停止和变速
15	绝对/增量值指令	通过 G 代码的变换，可以进行绝对值和增量值输入 G90：绝对值输入 G91：增量值输入
16	坐标设定（G92）	用 G92 后的 X、Y、Z 轴指令设定坐标系，其中 X、Y、Z 轴指令值为当前刀具坐标值
17	点定位（G00）	指令 G00，可以使各轴独立进行快速进给，在终点减速停止
18	直线插补（G01）	指令 G01，可以用 F 代码指令的进给速度进行直线插补
19	圆弧插补（G02、G03）	指令 G02 或 G03，可以用 F 代码指令的进给速度进行 0° ~ 360° 的任意圆弧的插补，用 R 指定圆弧半径。G02：顺时针方向　　G03：逆时针方向

（续）

序号	名　　称	规　　格
20	暂停（G04）	利用 G04 指令，可以暂停执行下一程序段的动作，其暂停时间由指令值决定，地址用 P 或 X
21	返回参考点	返回参考点的方式如下： （1）手动返回参考点 （2）返回参考点校验（G27） （3）自动返回参考点（G28） （4）从参考点返回（G29）
22	刀具半径补偿 （G39～G42）	用指令 G39～G42，可以进行刀具半径补偿，最多可以指令 32 个偏置量，最大值为 ±999.999mm（99.9999in），偏置号用 H 代码指定
23	刀具长度补偿 （G43、G44、G40）	G43、G44 指令进行 Z 轴刀具偏置，偏置号用 H 代码指定
24	固定循环（G73、G74、 G76、G80～G89）	有钻孔循环、精镗循环、攻螺纹循环、反攻螺纹循环等 12 种循环
25	辅助功能（M××）	用地址 M 后两位数值指令，可以控制机床的开/关等，在同一个程序段中，M 代码只能指令一次
26	主轴功能 （S××××）	用地址 S 后的四位数值，可以指令主轴速度
27	刀具功能（T××）	用地址 T 后两位数值，指令刀具号选择
28	镜像（对称）	根据设定的参数，在自动运行时，使 X、Y 轴的运动反向
29	空运行	在空运行状态，进给速率为手动速度。快速进给指令（G00）不变，快速进给速率有效。根据参数设定，对快速进给指令（G00）也可以有效
30	单程序段	使程序一个程序段一个程序段地执行
31	跳过任选程序段	把机床上跳过任选程序段开关置于"开"状态，在程序执行中，便可跳过"/"的程序段
32	机床锁住	除机床不移动外，其他方面像机床运动一样动作，显示也如机床运动一样。机床锁住功能即使在程序段中途也有效
33	进给保持	各坐标上的进给可停止一段时间。按循环启动按钮后，进给可以再开始。在进给开始前，用手动状态可以手动操作
34	紧急停止	用紧急停操作，全部指令停止发送，机床立即停止
35	外部复位	可以从外部进行 NC 复位，全部指令被停止，机床减速停止
36	外部电源开/关	从机床操作面板等 NC 装置外部，进行电源的接通和切断
37	手动连续进给	（1）手动进给时，手动进给速度用旋转开关可以分为 16 挡 （2）手动快速进给时，速度用参数设定
38	增量进给	本系统可以进行下述步进量的定位： 0.001mm、0.01mm、0.1mm（公制输入） 0.0001in、0.001in、0.01in（英制输入）

（续）

序号	名　称	规　格
39	程序号检索	利用 CRT/MDI 操作面板可以检索地址 O 后面位数的程序号
40	间隙补偿	用来补偿机床运动链中固有的刀具运动的空行程。补偿量在 0～127 的范围内，每一个轴用的最小移动单位，作为参数可以设定
41	环境条件	(1) 环境温度：运行时，0～45°C；保管、运输时，−20～60°C (2) 温度变化：最大 1.1°C/min (3) 湿度：通常 <75%（相对湿度），短时间最大 95%

第二节　数控铣床的程序编制

　　数控机床加工中的动作在加工程序中用指令的方式事先规定，这些指令包括准备功能 G 指令、辅助功能 M 指令、刀具功能 T 指令、主轴功能 S 指令和进给功能 F 指令等。国际上广泛应用 ISO（国际标准组织）制定的 G 代码和 M 代码标准。我国原机械部依据 ISO1056—1975（E）国际标准制定了 JB/T 3208—1999 部颁标准（即《数控机床　穿孔带程序段格式中的准备功能 G 和辅助功能 M 的代码》）。由于我国目前使用的数控机床形式和数控系统种类较多，指令代码定义还没有完全统一，个别的同一 G 指令或同一 M 指令含义也不尽相同，甚至完全不同。因此，编程人员在编写程序前必须对自己使用的数控系统的功能进行仔细研究，以免发生错误。

　　本章以 KND200M 数控系统为例介绍数控铣床的编程指令。

一、准备功能 G 指令

　　G 指令分为模态指令和非模态指令两种。所谓模态指令是指某一 G 指令一经指定就一直有效，直到被后面程序段中使用的同组 G 指令取代。而非模态指令只在程序段中有效，下一段程序需要时必须重写。KND200M 数控系统准备功能如表 7-2 所示。

表 7-2　KND200M 数控系统准备功能

G 代码	组别	功　能	G 代码	组别	功　能
G00		点定位（快速移动）	G27		返回参考点检查
G01[①]	01	直线插补（切削进给）	G28	00	返回参考点
G02		圆弧插补（顺时针）	G29		从参考点返回
G03		圆弧插补 CCW（逆时针）	G39		拐角偏移圆弧插补
G04	00[②]	暂停、准停	G40		刀具半径补偿注销
G10		偏移值设定	G41	07	左侧刀具半径补偿
G17[①]		XY 平面选择	G42		右侧刀具半径补偿
G18	02	ZX 平面选择	G43	08	正方向刀具长度偏移
G19		YZ 平面选择	G44		负方向刀具长度偏移
G20	06	英制数据输入	G49[①]	08	刀具长度偏移注销
G21		公制数据输入	G65	00[②]	宏程序命令

（续）

G 代码	组别	功　能	G 代码	组别	功　能
G73		钻深孔循环	G86		钻孔循环
G74		左旋攻螺纹循环	G87	09	反镗孔循环
G76		精镗循环	G88		镗孔循环
G80①		固定循环注销	G89		镗孔循环
G81	09	钻孔循环（点钻循环）	G90①	03	绝对值编程
G82		钻孔循环（镗阶梯孔）	G91		增量值编程
G83		深孔钻循环	G92	00②	坐标系设定
G84		攻螺纹循环	G98	10	在固定循环中返回初始平面
G85		镗孔循环	G99		返回到 R 点（在固定循环中）

注：1. 如果使用了 G 代码一览表中未列出的 G 代码，则出现报警（NO.010）。指令了不具有的选择功能的 G 代码，也报警。

　　2. 在同一个程序段中可以指令几个不同组的 G 代码，如果在同一个程序段中指令了两个以上的同组 G 代码，后一个 G 代码有效。

　　3. 在固定循环中，如果指令了 01 组的 G 代码，固定循环则自动被取消，变成 G80 状态。但是 01 组的 G 代码不受固定循环的 G 代码影响。

　　4. G 代码分别用各组号表示。

① 当电源接通时，系统处于这个 G 代码的状态。G20、G21 为电源切断前的状态。G00、G01 可以用参数来选择。

② 00 组的 G 代码是非模态指令，是一次性 G 代码。

1. 绝对尺寸和增量尺寸指令 G90、G91

绝对尺寸指令 G90 表示程序段中的尺寸字为绝对坐标值，即机床运动位置的坐标值是以工作坐标系坐标原点（程序零点）为基准来计算的。增量尺寸指令 G91 表示程序段中的尺寸字为增量坐标值，即机床运动位置的坐标值是以前一位置为基准计算的，也就是相对于前一位置的增量，其正负可根据移动的方向来判断，沿坐标轴正方向为正，沿坐标轴负方向为负。如图 7-2 所示，刀具由 A 点直线插补到 B 点，绝对尺寸编程时程序段为

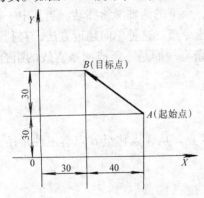

图 7-2　G90、G91 编程举例

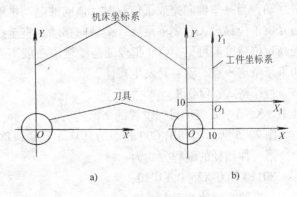

图 7-3　G92 建立工件坐标系统

G90 G01 X30.0 Y60.0 F100；

增量尺寸编程时程序段为

G91 G01 X-40.0 Y30.0 F100；

2. 工件坐标系设定指令 G92

当用绝对尺寸编程时，必须先建立一个坐标系用来确定绝对坐标原点（又称编程原点或程序原点），或者说要确定刀具起始点在坐标系中的坐标值，这个坐标系就是工件坐标系。

程序格式：G92 X __ Y __ Z __；

其中，X、Y、Z尺寸字是指起刀点相对于程序原点的位置。

执行 G92 指令时，机床不动作，即 X、Y、Z 轴均不移动，但 CRT 显示器上的坐标值发生了变化。以图 7-3 为例，在加工工件前，用手动或自动的方式，令机床回到机床零点。此时，刀具中心对准机床零点（见图 7-3a），CRT 显示各轴坐标均为 0。当机床执行 G92 X-10 Y-10 后就建立了工件坐标系（见图 7-3b）。刀具中心（或机床零点）应在工件坐标系的（X-10，Y-10）处，图中 $X_1O_1Y_1$ 坐标系，即为工件坐标系。O_1 为工件坐标系的原点，CRT 显示的坐标值为（X-10.000，Y-10.000），但刀具相对于机床的位置没有改变。在运行后面的程序时，凡是绝对尺寸指令中的坐标值均为点在 $X_1O_1Y_1$ 这个坐标系中的坐标值。

3. 坐标平面选择指令 G17、G18、G19

坐标平面选择指令是用来选择圆弧插补平面和刀具补偿平面的。右手直角笛卡儿坐标系的三个互相垂直的轴 X、Y、Z，两两组合分别构成三个平面，即 XY 平面、ZX 平面和 YZ 平面。G17 表示在 XY 平面内加工，G18 表示在 ZX 平面内加工，G19 表示在 YZ 平面内加工，如图 7-4 所示。由于数控铣床大多是在 XY 平面内加工，数控系统默认 G17 指令，故 G17 指令一般可省略。

4. 快速点定位指令 G00

G00 指令命令刀具以点位控制方式从刀具所在点快速移动到下一个目标位置。在机床上，G00 的具体速度用参数来控制，一经设定后不宜经常改变。三坐标机床是这样执行 G00 指令的：从程序执行开始，加速到指定的速度，然后以此快速移动，最后减速到达终点。假定指定三个坐标的方向都有位移量，那么三个坐标的伺服电动机同时按设定的速度驱动工作台移动，当某一轴向完成了位移时，该向的电动机停止，余下的两轴继续移动。当其中一轴向完成了位移后，只剩下最后一个轴向移动，直至达到指令点。这种单向趋近方法，有利于提高定位精度。可见，G00 指令的运动轨迹一般不是一条直线而是三条或两条直线的组合。如果忽略这一点，就容易发生碰撞。

程序格式：G00 X __ Y __ Z __；

其中，X、Y、Z 表示目标位置的坐标值。

图 7-5 所示为利用 G00 指令刀具从 A 点快速移至 B 点。从 A 点移至 B 点有三种路径。

第一种路径的编程方式为

N0110 G00 X25.0 Y10.0；

第二种路径的编程方式为

N0110 G00 Y10.0；

N0120 X25.0；

第三种路径的编程方式为

N0110 G00 X25.0；

N0120 Y10.0;

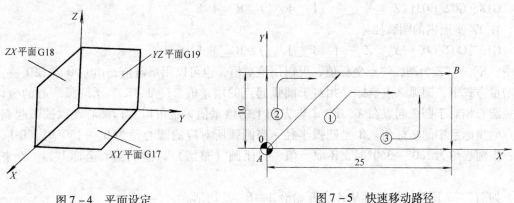

图 7-4　平面设定　　　　　　　图 7-5　快速移动路径

5. 直线插补指令 G01

G01 用于按指定速度进给的直线运动，可使机床沿 X、Y、Z 方向执行单轴运动，或在坐标平面内执行任意斜率的直线运动，也可使机床三轴联动，沿指定的空间直线运动。

程序格式：G01 X __ Y __ Z __ F __;

其中，X、Y、Z 为指定直线的终点坐标值。

G01 是模态指令，F 在本系统中是模态指令。在程序中，应用第一个 G01 指令时，必须规定一个 F 指令，在以后的程序段中，在没有新的 F 指令以前，进给量保持不变，不必在每个程序段中都写入 F 指令。

6. 圆弧插补命令 G02、G03

C02 表示按指定速度进给的顺时针圆弧插补指令，G03 表示按指定速度进给的逆时针圆弧插补指令。顺圆、逆圆的判别方法是：沿着不在圆弧平面内的坐标轴由正方向向负方向看去，顺时针方向为 G02，逆时针方向为 G03，如图 7-6 所示。

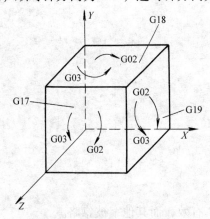

图 7-6　圆弧顺逆的区分

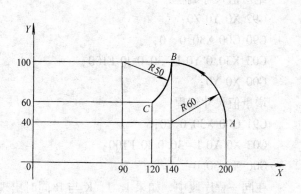

图 7-7　G02、G03 编程举例

程序格式：

在 XY 平面内的圆弧插补

G17 {G02/G03} X __ Y __ { (I __ J __) /R __} F __;

在 ZX 平面内的圆弧插补

G18 {G02/G03} Z __ X __ { (I __ K __) /R __} F __ ;

在 YZ 平面内的圆弧插补

G19 {G02/G03} Y __ Z __ { (J __ K __) /R __} F __ ;

其中，X、Y、Z 为圆弧终点坐标值，可以用绝对值，也可以用增量值，由 G90 或 G91 决定。在增量方式下，圆弧终点坐标是相对于圆弧起点的增量值。I、J、K 表示圆弧圆心的坐标，它是圆心相对于圆弧起点在 X、Y、Z 轴方向上的增量值，也可以看作圆心在以圆弧起点为原点的坐标系中的坐标值。R 是圆弧半径，当圆弧所对应的圆心角为 0°～180°时，R 取正值；当圆心角为 180°～360°时，R 取负值。封闭圆（整圆）只能用圆心坐标 I、J、K 来编程。

如图 7-7 所示，设刀具从 A 点开始沿 A→B→C 切削。

绝对尺寸编程：

G92 X200.0 Y40.0 Z0；

G90 G03 X140.0 Y100.0 $\begin{Bmatrix} I-60.0\ J0 \\ R60 \end{Bmatrix}$ F100；

G02 X120.0 Y60.0 $\begin{Bmatrix} I-50.0\ J0 \\ R50 \end{Bmatrix}$；

增量值尺寸编程：

G91 G03 X-60.0 Y60.0 $\begin{Bmatrix} I-60.0\ J0 \\ R60 \end{Bmatrix}$ F100；

G02 X-20.0 Y-40.0 $\begin{Bmatrix} I-50.0\ J0 \\ R50 \end{Bmatrix}$；

图 7-8 所示为一封闭圆，现设起刀点在坐标原点 O。加工时从 O 快速移动至 A，逆时针加工整圆。

绝对值尺寸编程：

G92 X0 Y0 Z0；

G90 G00 X30.0 Y0；

G03 X30.0 Y0 I-30.0 J0 F100；

G00 X0 Y0；

增量值尺寸编程：

G91 G00 X30.0 Y0；

G03 X0 Y0 I-30.0 J0 F100；

G00 X-30.0；

在同一程序段中，如果 I、J、K 与 R 同时出现，R 有效，而其他字被忽略。

7. 暂停指令 G04

G04 指令可使刀具作暂短的无进给光整加工，一般用于锪平面、镗孔等场合。

程序格式：G04 {X __ /P __}；

其中，地址 X 后可以用带小数点的数，单位为 s，如暂停 1s 可写成 G04 X1.0。地址 P 不允许用小数点输入，只能用整数，单位为 ms，如暂停 1s 可写成 G04 P1000。例如，图 7-9 所示为锪孔加工，孔底有表面粗糙度要求，程序如下：

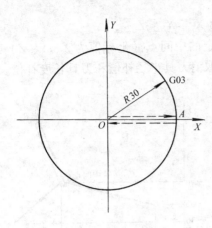

图 7-8 整圆编程

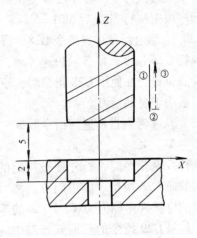

图 7-9 G04 编程举例

G91 G01 Z - 7.0 F60；

G04 X5.0；（刀具在孔底停留 5s）

G00 Z7.0；

8. 刀具偏移设定/工件零点偏移量设定指令 G10

使用 G10 可以通过程序设定刀具偏移量。

程序格式：G10 P __ R __；

其中，P 为偏移号，R 为偏移量。偏移量为绝对值还是增量值取决于是 G90 还是 G91 方式。

9. 公制输入和英制输入指令 G21、G20

G21、G20 分别指令程序中输入数据为公制或英制。G21、G20 是两个互相取代的 G 代码，机床出厂时将 G21 设定为参数缺省状态，用公制输入程序时可不再指定 G21；但用英制输入程序时，在程序开始设定工件坐标系之前，必须指定 G20。在同一个程序中公制、英制可混合使用。另外，G21、G20 指令在断电再接通后，仍保持其原有状态。

10. 返回机床参考点指令 G27、G28、G29

机床参考点是机床上一个固定点，与加工程序无关。数控机床的型号不同，其参考点的位置也不同。通常立式铣床指定 X 轴正向、Y 轴正向和 Z 轴正向的极限点为参考点。对加工范围比较大的机床，可设置在距机床原点较近的适当位置。机床原点也称为机床零点，它是通过机床参考点间接确定的。机床原点一般设在机床加工范围下平面的左前角。机床起动后，首先要将机床位置"回零"，即执行手动返回参考点，这样数控装置才能通过参考点确认出机床原点的位置，从而在数控系统内部建立一个以机床零点为机床原点的机床坐标系。在执行加工程序时，才能有正确的工件坐标系。

（1）返回参考点校验指令 G27　程序格式：G27 X __ Y __ Z __；

根据 G27 指令，刀具快速移动，并在指令规定的位置（坐标值为 X、Y、Z 点）上定位。若所到达的位置是机床参考点，则返回参考点的各轴指示灯亮。如果指示灯不亮，则说明程序中所给出的坐标点的坐标值有错误或机床定位误差过大。

注意，执行 G27 指令时，必须先取消刀具长度和半径补偿，否则会发生不正确的动作。由于返回参考点不是每个加工周期都需要执行，所以可作为选择程序段。G27 程序段执行后如不希望继续执行下一程序段（使机械系统停止），则在该程序段后增加 M00 或 M01，或在单个程序段中执行 M00 后 M01。

（2）自动返回参考点指令 G28　程序格式：G28 X ＿＿ Y ＿＿ Z ＿＿ ;

执行 G28 指令，使各轴快速移动，分别经过指定的中间点（坐标值为 X、Y、Z）返回到参考点位置。在使用 G28 指令时，原则上必须先取消刀具半径补偿和刀具长度补偿。G28 指令一般用于自动换刀。

（3）从参考点自动返回指令 G29　程序格式：G29 X ＿＿ Y ＿＿ Z ＿＿ ;

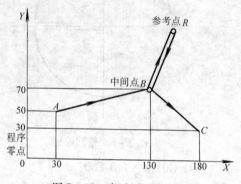

执行 G29 指令时，首先使被指定的各轴快速移动到前面 G28 所指令的中间点，然后再移动到被指定的位置（坐标值为 X、Y、Z 的返回点）上定位。如果 G29 指令的前面未指定中间点，则执行 G29 指令时，被指定的各轴经程序零点，再移到 G29 指令的返回点上定位。

如图 7 - 10 所示，刀具由 A 点经中间点 B 到参考点 R 换刀，再经中间点返回 C 点定位。

图 7 - 10　自动返回参考点

绝值尺寸编程：

G90 G28 X130.0 Y70.0;　　　（当前点 A→B→R）

M06;　　　　　　　　　　　（换刀）

G29 X180.0 Y30.0;　　　　　（参考点 R→B→C）

增量值尺寸编程：

G91 G28 X100.0 Y20.0;

M06;

G29 X50.0 Y40.0;

如程序中无 G28 指令时，则程序段为

G90 G29 X180.0 Y30.0;进给线路为 A 到 B 到 C

通常 G28 和 G29 指令应配合使用，使机床换刀后直接返回加工点 C，而不必计算中间点 B 与参考点 R 之间的实际距离。

11. 刀具长度补偿指令 G43、G44、G49

刀具长度补偿指令一般用于刀具轴向（Z 方向）的补偿。它使刀具在 Z 方向上的实际位移量比程序给定值增加或减少一个偏置量。这样在程序编制中，可以不必考虑刀具的实际长度以及各把刀不同的长度尺寸。另外，当刀具磨损、更换新刀或刀具安装有误差时，也可使用刀具长度补偿指令，补偿刀具在长度方向上的尺寸变化，不必重新编制加工程序、重新对刀或重新调整刀具。

程序格式：{G43/G44} Z ＿＿ H ＿＿ ;

其中，G43 为刀具长度正补偿指令；G44 为刀具长度负补偿指令；Z 为目标点的编程坐标值；H 为刀具长度补偿值的寄存器地址，后面一般用两位数字表示补偿量代号 H，补偿量 a 可以用 MDI 方式存入该代号寄存器中。

如图 7 - 11 所示，执行程序段 G43 Z ＿＿ H ＿＿ ;时：

Z 实际值 $=Z$ 指令值 $+a$

执行程序段 G44 Z ___ H ___; 时:

Z 实际值 $=Z$ 指令值 $-a$

其中，a 可以是正值，也可以是负值。图 7 – 11 中，$a>0$。

采用取消刀具长度补偿 G49 指令或用 G43 H00 和 G44 H00 可以撤消长度补偿指令。同一程序中，既可采用 G43 指令，也可采用 G44 指令，只需改变补偿量的正负号即可，如图 7 – 12 所示。A 为程序指定点，B 为刀具实际到达点，O 为刀具起点，采用 G43 指令，补偿量 $a = -200$mm，将其存放于代号为 5 的补偿值寄存器中，则程序为

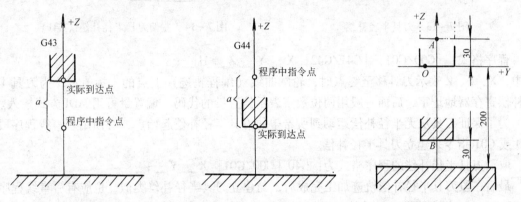

图 7 – 11　刀具长度补偿　　　　　　　　图 7 – 12　改变补偿量的正负号

G92 X0 Y0 Z0；（设定 O 为程序零点）

G90 G00 G43 Z30.0 H05；（到达程序指定点 A，实际到达 B 点）

这样，实际值（B 点坐标值）为 – 170mm，等于程序指令值（A 点坐标值）30mm 加上补偿值 – 200mm。

如果采用 G44 指令，补偿量 $a = 200$mm，那么程序为

G92 X0 Y0 Z0；

G90 G00 G44 Z30.0 H05；

同样，实际值（B 点坐标值）为 – 170mm，等于程序指令值（A 点坐标值）30mm 减去补偿量 200mm。

如果采用增值量编程，则程序为

G91 G00 G43 Z30.0 H05；（将 – 200mm 存入 H05 中）

或 G91 G00 G44 Z30.0 H05（将 200mm 存入 H05 中）

12. 刀具半径补偿指令 G41、G42、G40

当加工曲线轮廓时，对于有刀具补偿功能的数控系统，可不必求出刀具中心的运动轨迹，只需按被加工工件轮廓曲线编程，同时在程序中给出刀具半径的补偿指令，就可以加工出工件的轮廓曲线，使编程工作简化，如图 7 – 13 所示。

G41 为左偏刀具半径补偿，是指沿着刀具运动方向向前看（假设工件不动），刀具位于工件左侧的刀具半径补偿，如图 7 – 14 所示。

G42 为右偏刀具半径补偿，是指沿着刀具运动方向向前看（假设工件不动），刀具位于工件右侧的刀具半径补偿，如图 7 – 15 所示。

G40 为刀具半径补偿撤消。使用该指令后，G41、G42 指令无效。

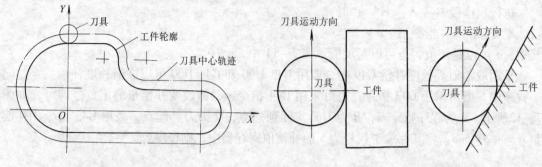

图 7-13　刀具半径补偿　　　　　　　　图 7-14　左偏刀具半径补偿（G41）

程序格式：｛G00/G01｝｛G41/G42｝X ＿ Y ＿ Z ＿ H ＿；

其中，X、Y、Z 表示刀具移至终点时，轮廓曲线（编程轨迹）上点的坐标值；H 为刀具半径补偿寄存器地址字，后面一般用两位数字表示偏置量的代码，偏置量可用 MDI 方式输入。

为了保证刀具从无半径补偿运动到所希望的刀具半径补偿起始点，必须用一直线程序段 G00 或 G01 指令来建立刀具半径补偿。

取消刀具半径补偿的程序格式为：G40｛G00/G01｝X ＿ Y ＿；

最后一段刀具半径补偿轨迹加工完成后，与建立刀具半径补偿类似，也应有一直线程序段 G00 或 G01 指令取消刀具补偿，以保证刀具从刀具半径补偿终点运动到取消刀具半径补偿点。

指令中有 X、Y 值时，X 和 Y 表示编程轨迹取消刀补点的坐标值。如图 7-16 所示，刀具欲从刀补终点 A 移至取消刀补点 B，当执行取消刀具半径补偿 G40 指令的程序段时，刀具中心将由 C 点移至 B。

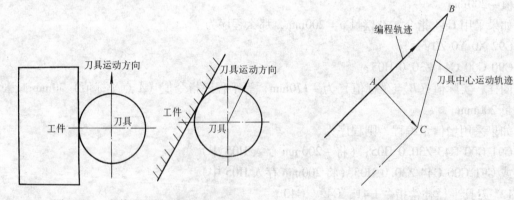

图 7-15　右偏刀具半径补偿（G42）　　　　图 7-16　有 X、Y 值时 G40 指令执行情况

指令中无 X、Y 值时，则刀具中心 C 点将沿旧矢量的相反方向运动到 A 点，如图 7-17 所示。

例如，图 7-18 所示 AB 轮廓曲线，若直径为 φ20mm 的铣刀从 O 点开始移动，加工程序为：

N10 G92 X0 Y0 Z0；

N20 G90 G17 G41 G00 X18.0 Y24.0 H06；

N30 G02 X74.0 Y32.0 R40.0 F180；

N40 G40 G00 X84.0 Y0；

N50 G00 X0；

N60 M02；

$O \rightarrow A$ （实际刀具中心从 $O \rightarrow A'$）

$A \rightarrow B$ （实际刀具中心从 $A' \rightarrow B'$）

$B \rightarrow C$ （实际刀具中心从 $B' \rightarrow C'$）

$C \rightarrow O$ （实际刀具中心从 $C' \rightarrow O$）

程序结束

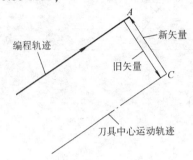

图 7-17　无 X、Y 值时 G40 指令执行情况

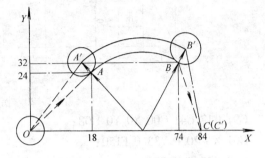

图 7-18　AB 轮廓曲线

取消刀具半径补偿除用 G40 指令外，还可以用

｛G00／G01｝ X ＿ Y ＿ H100；

13. 拐角偏移圆弧插补指令 G39

在有刀具半径补偿时，若编程轨迹的相邻两直线（或圆弧）不相切，则必须进行拐角圆弧插补，即要在拐角处产生一个以偏移量为半径的附加圆弧，此圆弧与刀具中心运动轨迹的相邻两直线（或圆弧）相切，如图 7-19 所示。

目前，大多数全功能数控铣床，拐角圆弧插补已由数控系统实现。例如采用 FANUC 6M 系统的数控铣床等。XK5040A 型数控铣床则使用拐角偏移圆弧插补指令来实现拐角圆弧插补。

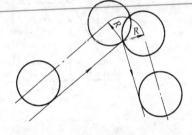

图 7-19　拐角偏移

拐角偏移圆弧插补指令程序格式为：

G39 X ＿ Y ＿；

其中，X 和 Y 表示刀具中心绕拐角拐点旋转后的方向，即刀具中心旋转后，直线走刀方向或圆弧走刀时起点的切线方向上任一点的坐标值。如图 7-20a 所示是直线与直线轮廓形成的拐角。编程时，在拐角拐点 A 处增加拐角圆弧插补 G39 指令，X、Y 取 B 点相对 A 点的增量坐标值，加工程序为：

G91 G17 G41 G00 X12.0 Y20.0 H08；

G01 X10.0 Y18.0 F150；

G39 X32.0 Y12.0；　　　（X、Y 值为 B 点相对 A 点的增量坐标值）

　　　 X32.0 Y12.0；

如图 7-20b 所示是直线与圆弧轮廓线形成的拐角。在 A 点执行 G39 指令旋转后的方向应是过 A 点作圆弧的切线 AB 的方向，X、Y 取 B 点相对 A 点的增量坐标值（B 点坐标须经有关计算求得）。因为 △ABC 和 △AOD 相似，所以，B 点相对 A 点的坐标值为（25，15）。

加工程序如下：

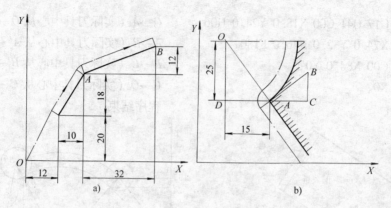

图 7 - 20 拐角圆弧插补

G91 G17 G41 G00 X0 Y0 H08；

G01 X - 20. 0 Y33. 0 F150；

G39 X25. 0 Y15. 0 　　　　　　（X、Y 值为 B 点相对 A 点的增量坐标值）

G03 X14. 155 Y25. 0 I - 15. 0 J25. 0；

如图 7 - 21 所示为拐角偏移圆弧插补举例。

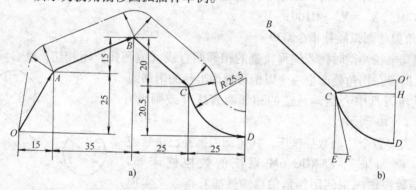

图 7 - 21 拐角偏移圆弧插补举例

首先，计算 F 点坐标值。如图 7 - 21b 所示，在 △CO'H 中 CO' 为圆弧半径，等于 25. 5mm，CH = 25mm，则 O'H = 5mm。又 CF ⊥ CO'，CE ⊥ CH，EF ⊥ O'H，因此 △CEF 与 △CO'H 相似。假设 EF = 5mm，则 CE = 25mm。所以 F 点相对 C 点的坐标值为（5，25）。

若刀具从 O 开始移动，则加工程序为：

G91 G17 G01 G41 X15. 0 Y25. 0 F200 H01；　　　　　O→A

G39 X35. 0 Y15. 0；　　　　　　　　　　拐角插补（B 点相对 A 坐标）

　　　 X35. 0 Y15. 0；　　　　　　　　　　A→B

G39 X25. 0 Y - 20. 0；　　　　　　　　　拐角插补（C 点相对 B 坐标）

　　　 X25. 0 Y - 20. 0；　　　　　　　　　O→A

G39 X5. 0 Y - 25. 0；　　　　　　　　　　拐角插补（F 点相对 C 坐标）

G03 X25. 0 Y - 20. 5 R25. 5；　　　　　　C→D

G40 G01 Y25. 0；　　　　　　　　　　　取消半径补偿

G39 指令只有在 G41 或 G42 被指令后才有效。G39 属非模态指令，仅在它所指令的程序段中起作用。

应用刀具半径补偿功能时必须注意：在 G41 或 G42 至 G40 指令程序段之间的程序段不能有任何一个刀具不移动的指令出现。在 XY 平面中执行刀具半径补偿时，也不能出现连续两个 Z 轴移动的指令，否则 G41 或 G42 指令无效。在使用 G41 或 G42 指令的程序段中只能用 G00 或 G01 指令，不能用 G02 或 G03 指令。

二、固定循环指令

在数控加工中，一些典型的加工工序，如钻孔、镗、攻螺纹、深孔钻削等，需要完成的动作十分典型。这些典型的动作已由制造商预先编好并固化在存储器中。需要时可用固定循环的 G 功能进行指令。固定循环功能及指令见表 7-3。

表 7-3　固定循环功能

G 代码	孔加工动作（-Z 方向）	在孔底的动作	刀具返回方式（+Z 方向）	用　途
G73	间歇进给	—	快速	高速深孔往复排屑钻
G74	切削进给	暂停—主轴正转	切削进给	攻左旋螺纹
G76	切削进给	主轴定位停止—刀具移位	快速	精镗孔
G80	—	—	—	取消固定循环
G81	切削进给	—	快速	钻孔
G82	切削进给	暂停	快速	锪孔、镗阶梯孔
G83	间歇进给	—	快速	深孔往复排屑钻
G84	切削进给	暂停—主轴反转	切削进给	攻右旋螺纹
G85	切削进给		切削进给	精镗孔
G86	切削进给	主轴停转	快速	镗孔
G87	切削进给	主轴停转	快速返回	反镗孔
G88	切削进给	暂停—主轴停转	手动操作	镗孔
G89	切削进给	暂停	切削进给	精镗阶梯孔

1. 固定循环的动作

孔加工固定循环通常由以下 6 个动作组成：

动作 1—X、Y 轴定位，刀具快速定位到孔加工的位置。

动作 2—快进到 R 点，刀具自初始点快速进给到 R 点（准备切削位置）。

动作 3—孔加工，以切削进给方式执行孔加工的动作。

动作 4—在孔底的动作，包括暂停、主轴准停、刀具移位等动作。

动作 5—返回到 R 点，继续下一步的孔加工。

动作 6—快速返回到初始点，孔加工完成。

固定循环的动作如图 7-22 所示，图中虚线表示快速进给，实线表示切削进给。

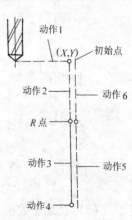

图 7-22　固定循环的动作

（1）初始平面　初始平面是为安全进刀切削而规定的一个平面。初始平面到工件表面的距离可以任意设定为一个安全的高度。当使用一把刀具加工若干孔时，只有空间存在障碍需要跳跃或全部孔加工完成时，才使用 G98，使刀具返回初始平面上的初始点。

（2）R 点平面　R 点平面又叫 R 参考平面。这个平面是刀具进行切削时由快进转为工进的高度平面，距工件表面的距离主要考虑工件表面尺寸的变化，一般可取 2～5mm。循环中使用 G99，刀具将返回到该平面的 R 点。

（3）孔底平面　加工盲孔时孔底平面就是孔底的 Z 轴高度。加工通孔时刀具一般还要伸长、超过工件底平面一段距离，主要是保证全部孔深都加工到要求尺寸。钻削时还应该考虑钻头钻尖对孔深的影响。

孔加工循环与平面选择指令（G17、G18 或 G19）无关，即无论选择了哪个平面，孔加工都是在 XY 平面上定位，并在 Z 轴方向上进行孔加工。

2. 固定循环的指定

固定循环的动作由数据形式、返回点平面、孔加工方式等三种方式指定，其程序格式为：

$$\left.\begin{Bmatrix} G90 \\ G91 \end{Bmatrix}\begin{Bmatrix} G99 \\ G98 \end{Bmatrix}\right. \quad G\times\times X\_\_Y\_\_Z\_\_R\_\_Q\_\_P\_\_F\_\_;$$

其中，G×× 为孔加工方式，对应于固定循环指令；X、Y 为孔位置坐标；Z、R、Q、P、F 为孔加工数据。

（1）数据形式　固定循环指令中地址 R 与地址 Z 的数据指定与 G90 或 G91 的方式选择有关。图 7-23 表示了 G90 或 G91 的坐标计算方法。选择 G90 方式时，R 与 Z 一律取其终点坐标值；选择 G91 方式时，R 则是指自初始点到 R 点的距离，Z 是指自 R 点到孔底平面上 Z 点的距离。

（2）返回点平面选择指令 G98、G99　G98、G99 决定刀具在返回时达到的平面。G98 指令返回到初始平面 B 点，G99 指令返回 R 点平面，如图 7-24 所示。

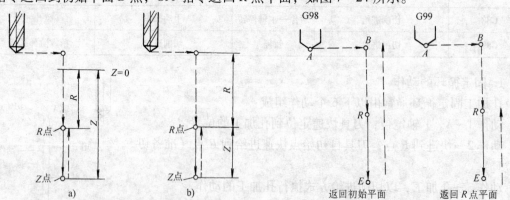

图 7-23　G90 和 G91 的坐标计算　　　　　图 7-24　返回点平面选择
　a）G90 方式　b）G91 方式

（3）孔加工数据

Z：在 G90 时，Z 值为孔底的绝对坐标值。在 G91 时，Z 是 R 平面到孔底的距离，如图 7-25 所示。从 R 平面到孔底是按 F 代码所指定的速度进给。

R：在 G91 时，R 值为从初始平面（B）到 R 点的增量。在 G90 时。R 值为绝对坐标值，如图 7－25 所示，此段动作是快速进给的。

Q：在 G73 或 G83 方式中，规定每次加工的深度，以及在 G87 方式中规定移动值。Q 值一律是增量值，与 G91 的选择无关。

P：规定在孔底的暂停时间，用整数表示，以 ms 为单位。

F：进给速度，以 mm/min 为单位。这个指令是模态的，即使取消了固定循环在其后的加工中仍然有效。

上述孔加工数据，不一定全部都写，根据需要可省略若干地址和数据。

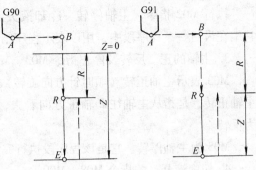

图 7－25　孔加工数据

固定循环指令以及 Z、R、Q、P 等指令都是模态的，一旦指定，就一直保持有效，直到用 G80 指令撤消为止。因此，只要在开始时指令了这些指令，在后面连续的加工中不必重新指定。如果仅仅是某个孔加工数据发生变化（如孔深发生变化），仅修改需要变化的数据即可。

取消孔加工方式用 G80 指令。如果中间出现了任何 01 组的 G 代码，如 G00、G01、G02、G03 等指令，则孔加工方式及孔加工数据也会全部自动取消。因此，用 01 组的 G 代码取消固定循环，其效果与用 G80 指令是完全一样的。

（4）孔加工方式　孔加工方式参见表 7－3。

3. 使用固定循环功能注意事项

1）在指令固定循环之前，必须用辅助功能使主轴旋转。如：

M03　　　　　　（主轴正转）

G××…　　　　　（固定循环）

使用了主轴停转指令之后，一定要注意再次使主轴回转。若在主轴停止功能 M05 之后，接着指令固定循环则是错误的，这与其他情况一样。

2）在固定循环方式中，其程序段必须有 X、Y、Z 轴（包括 R）的位置数据，否则不执行固定循环。

3）撤消固定循环指令除了 G80 外，G00、G01、G02、G03 也能起撤消作用，因此编程时要注意。

4）在固定循环方式中，G43、G44 仍起着刀具长度补偿的作用。

5）操作时应注意，在固定循环中途，若复位或急停时数控装置停止，但这时孔加工方式和孔加工数据仍被存储着，所以在开始加工时要特别注意，使固定循环剩余动作进行完。

三、辅助功能 M 指令

M 功能是根据加工时机床操作的需要规定的工艺性指令。例如主轴的正、反转与停止，切削液的使用，工作台的锁紧与松开，旋转工作台转位，任选停止及程序结束等。KND200M 数控系统的辅助功能如下：

1. 程序停止指令 M00

M00 指令实际是一个暂停指令，当执行有 M00 指令的程序段后，主轴停转、进给停止、切削液关闭而进入程序停止状态。如果要继续执行下面的程序，必须按"循环启动"按钮。

2. 程序结束指令 M02

执行 M02 指令，主轴停转、冷却液关闭、进给停止，并将控制部分复位到初始状态。它编在最后一条程序段中，用以表示程序结束。

3. 主轴的正、反转及停止指令 M03、M04、M05

M03 表示主轴正转（顺时针方向旋转），M04 表示主轴反转（逆时针方向旋转）。所谓主轴正转，是指从主轴往 Z 轴正方向看去，主轴处于顺时针方向旋转，逆时针方向旋转则为反转。

M05 为主轴停转。它是该程序段执行完其他指令以后才执行的。

4. 切削液开、关指令 M08、M09

M08 为切削液开启指令，M09 为切削液关闭指令。切削液开关是通过冷却泵的起动和停止来控制的。

5. 运动部件的夹紧及松开指令 M10、M11

M10 为运动部件（如工作台）夹紧指令，M11 为运动部件松开指令。

6. 程序结束回头指令 M30

执行完程序段所有指令后，M30 使主轴停转、切削液关闭、进给停止，并使机床及控制系统复位到初始状态，纸带自动返回到程序开头位置，为加工下一个工件做好准备。

7. 润滑开、关指令 M32、M33

M32 为润滑液开启指令，M33 为润滑液关闭指令。

8. 子程序调用及返回指令 M98、M99

M98 为子程序调用指令，M99 为子程序结束并返回主程序指令。具体使用方法见本节"子程序调用指令"部分。

四、进给功能、主轴功能、刀具功能及刀具补偿功能

（1）进给功能　进给功能又叫 F 功能，其代码由地址符 F 和其后的数字组成。用于指定进给速度，单位为 mm/min（公制）或 in/min（英制）。例如公制 F50 表示进给速度为 50mm/min。

（2）主轴功能　主轴功能又叫 S 功能，其代码由地址符 S 和其后的数字组成。用于指定主轴转速，单位为 r/min。例如，S250 表示主轴转速为 250r/min。

（3）刀具功能　刀具功能又叫 T 功能，其代码由地址符 T 和其后的数字组成。用于数控系统进行选刀或换刀时指定刀具和刀具补偿号。例如 T0102 表示采用 1 号刀具和 2 号刀补。

（4）刀具补偿功能　刀具补偿功能又叫 H 功能，其代码由地址符 H 和其后的两位数字组成。该两位数字为存放刀具补偿量的寄存器地址字，如 H08 表示刀具补偿量用第 8 号。

五、子程序调用指令

在一个加工程序的若干位置上，如果存在某一固定、顺序且重复出现的内容，为了简化程序可以把这些重复的内容，按一定格式编成子程序，然后像主程序一样将它们输入到程序存储器中。主程序在执行过程中如果需要某一子程序，可以通过调用指令来调用子程序，执行完子程序又可以返回到主程序，继续执行后面的程序段。

为了进一步简化程序，子程序还可以调用另一个子程序。编程中使用较多的二重嵌套，其程序的执行情况如图 7 - 26 所示。

1. 子程序的格式

O × × × × ；

……；

……；

……；

……；

M99；

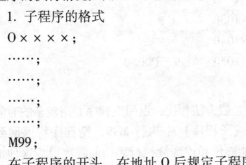

图 7 - 26　子程序的嵌套

在子程序的开头，在地址 O 后规定子程序号（由 4 位数字组成，前 0 可以省略）。M99 为子程序结束指令。M99 不一定要单独使用一个程序段，如"G00 X __ Y __ M99；"也是允许的。

2. 子程序的调用格式

调用子程序格式：

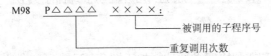

M98　P△△△△　× × × ×；

—— 被调用的子程序号

—— 重复调用次数

系统允许重复调用的次数为 9999 次。如果省略了重复次数，则认为重复次数为 1 次。例：M98　P51000；表示程序号为 1000 的子程序连续调用 5 次。

3. 子程序的执行

子程序的执行过程举例说明如下：

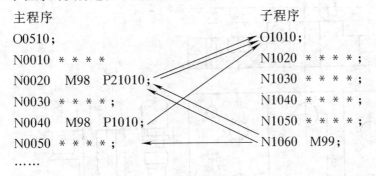

主程序	子程序
O0510；	O1010；
N0010 ＊ ＊ ＊ ＊	N1020 ＊ ＊ ＊ ＊；
N0020　M98　P21010；	N1030 ＊ ＊ ＊ ＊；
N0030 ＊ ＊ ＊ ＊；	N1040 ＊ ＊ ＊ ＊；
N0040　M98　P1010；	N1050 ＊ ＊ ＊ ＊；
N0050 ＊ ＊ ＊ ＊；	N1060　M99；
……	

主程序执行到 N0020 时转去执行 O1010 子程序，重复执行两次后继续执行 N0030 程序段，在执行 N0040 时又去执行 O1010 子程序一次，返回时又继续执行 N0050 及其后面的程序段。当用一个子程序调用另一个子程序时，其执行过程与上述完全相同。

4. 子程序的特殊使用指令

（1）子程序中用 P 指令定义返回的地址　如果在子程序的返回主程序段中加入 Pn（即格式变为"M99　Pn；"，n 为主程序的顺序号），则子程序在返回时将返回到主程序中顺序号为 n 的那个程序段。例如：

```
主程序                                        子程序
N0010  ＊＊＊＊；                    ┌─→ O1020；
N0020  M98  P1020；                │    N1020  ＊＊＊＊；
N0030  ＊＊＊＊；                    │    N1030  ＊＊＊＊；
N0040  ＊＊＊＊；                    │    N1040  ＊＊＊＊；
N0050  ＊＊＊＊；       ◄────────────     N1050  M99  P0050
……
```

这种方法只能用于存储器工作方式，而且与一般方法相比，返回主程序要用较多的时间。

（2）自动返回到程序头 如果在主程序（或子程序）中执行 M99，则程序将返回到程序开头的位置并继续执行程序，为了使主程序能够停止或继续执行后面的程序段，这种情况通常写成/M99，以便在不需要重复执行时，跳过程序段开关的 ON 状态，即跳过这个程序段，而执行下一个程序段。若在主程序（或子程序）中插入/M99 Pn 程序段时，则不返回到程序开头，而是返回到程序号为 n 的程序段，但返回到 n 处的时间较长。

第三节　数控铣床程序编制实例

一、实例一

使用刀具长度补偿功能和固定循环功能加工图 7 - 27 所示工件上的 12 个孔。

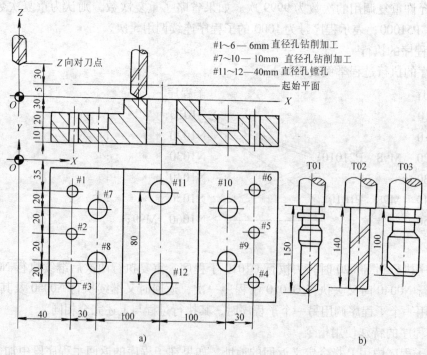

图 7 - 27　编程实例一

a）工件图　b）刀具尺寸图

分析工件图样，该工件孔中有通孔、不通孔（盲孔），需要钻孔和镗孔加工，故选择钻头 T01、T02 和镗刀 T03。工件坐标系原点在工件上表面处。按先小孔后大孔的加工原则，确定工艺路线为：从编程原点开始，先加工 6 个 φ6mm 的孔，再加工 4 个 φ10mm 的孔，最后加工两个 φ40mm 的孔。

T01、T02 的主轴转速为 600r/min，进给速度为 120mm/min；T03 的主轴转速为 300r/min，进给速度为 50mm/min。

T01、T02 和 T03 的刀具补偿分别为 H01、H02 和 H03。对刀时，以 T01 刀为基准，按图 7-22 的方法确定工件上表面为 Z 向零点，则 H01 中刀具长度补偿值设置为零。T02 刀具长度与 T01 相比为（140 - 150）mm = -10mm。同样 H03 的补偿值设置为 -50mm。换刀时，用 M00 指令停止，手动换刀后再按循环启动键，继续执行程序。

工件加工程序如下：

```
O0520
N0010 G92 X0 Y0 Z35.0;                              （建立工件坐标系）
N0020 G43 G00 Z5.0 H01;                             （到达起始平面）
N0030 S600 M03;                                     （主轴起动）
N0040 G99 G81 X40.0 Y-35.0 Z-63.0 R-27.0 F120;     （加工#1 孔）
N0050 Y-75.0;                                       （加工#2 孔）
N0060 G98 Y-115.0;                                  （加工#3 孔）
N0070 G99 X300.0;                                   （加工#4 孔）
N0080 Y-75.0;                                       （加工#5 孔）
N0090 G98 Y-35.0;                                   （加工#6 孔）
N0100 G80 G00 X500.0 Y0 M05;                        （回换刀点、主轴停）
N0110 G49 Z20.0 M00;                                （手动换 T02 刀）
N0120 G43 Z5.0 H02;
N0130 S600 M03;                                     （主轴起动）
N0140 G99 G81 X70.0 Y-55.0 Z-50.0 R-27.0 F120;     （加工#7 孔）
N0150 G98 Y-95.0                                    （加工#8 孔）
N0160 G99 X270.0;                                   （加工#9 孔）
N0170 G98 Y-55.0;                                   （加工#10 孔）
N0180 G80 G00 X500.0 Y0 M05;                        （回换刀点、主轴停）
N0190 G49 Z20.0 M00;                                （手动换 T03 刀）
N0200 G43 Z5.0 H03;
N0210 S300 M03;                                     （主轴起动）
N0220 G99 G85 X170.0 Y-35.0 Z-65.0 R3.0 F50;       （加工#11 孔）
N0230 G98 Y-115.0;                                  （加工#12 孔）
N0240 G80 G00 X0 Y0 M05;                            （返回参考点，主轴停）
N0250 G49 G91 G28 Z0;                               （取消长度补偿，返回参考点）
N0260 M02;                                          （程序结束）
```

二、实例二

铣削图 7-28 所示的凸轮，φ30H7mm 的孔已加工。

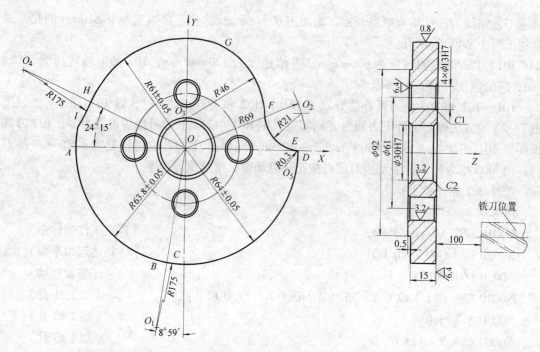

图 7 - 28　编程实例二

从图 7 - 28 要求可知，凸轮曲线分别由几段圆弧组成，内孔 φ30H7mm 为设计基准，故取内孔和一端面为定位基准，在端面上用螺母、垫片压紧。

因为 φ30H7mm 是设计基准和定位基准，所以对刀点选择在 φ30H7mm 孔中心上，这样容易确定刀具中心与工件的相对位置。

建立如图 7 - 28 所示的工件坐标系，则可计算出各段圆弧连接点的坐标（计算过程略）：

B 点（- 9. 962，- 63. 017）　　　C 点（- 5. 696，- 63. 746）

D 点（63. 995，- 0. 242）　　　E 点（63. 768，0. 016）

F 点（44. 79，19. 60）　　　G 点（14. 786，59. 181）

H 点（- 55. 617，25. 054）　　　I 点（- 62. 897，10. 697）

加工工艺路线：

1）凸轮轮廓加工（可通过改变刀具半径补偿量进行粗、精加工）。

2）4 × φ13H7mm 孔钻、扩、铰。

加工程序如下：

O0530

N0010 G92 X0 Y0 Z0；　　　　　　　　　　　　　　（建立工件坐标系）

N0020 G00 X - 63. 8 Y - 80. 0 S1000 M03；　　　　（快速定位到指定点）

N0030 G41 Y - 10. 0 H02；　　　　　　　　　　　　（快速接近工件）

N0040 Z - 120. 0；　　　　　　　　　　　　　　　　（下刀）

N0050 G01 Y0 F80；　　　　　　　　　　　　　　　（直线插补到 A 点）

N0060 G02 X - 62. 897 Y10. 697 R63. 8；　　　　　（AI 段圆弧）

N0070 G39 X86. 238 Y152. 276；　　　　　　　　　（拐角圆弧插补）

N0080 G03 X－55.617 Y25.054 R175.0;　　　　　　　　　（*IH* 段圆弧）

N0090 G02 X14.786 Y59.181 R61.0;　　　　　　　　　　（*HG* 段圆弧）

N0100 G39 X43.181 Y15.856;　　　　　　　　　　　（拐角圆弧插补）

N0110 X44.79 Y19.6 R46.0;　　　　　　　　　　　　（*GF* 段圆弧）

N0120 G39 X46.29 Y－4.093;　　　　　　　　　　　（拐角圆弧插补）

N0130 G03 X63.768 Y0.016 R12.0;　　　　　　　　　（*FE* 段圆弧）

N0140 G02 X63.995 Y－0.242 R0.3;　　　　　　　　　（*ED* 段圆弧）

N0150 X－5.696 Y－63.746 R64.0;　　　　　　　　　（*DC* 段圆弧）

N0160 G39 X－172.854 Y－31.591;　　　　　　　　（拐角圆弧插补）

N0170 G03 X－9.962 Y－63.017 R175.0;　　　　　　（*CB* 段圆弧）

N0180 G02 X－63.8 Y0 R63.8;　　　　　　　　　　　（*BA* 段圆弧）

N0190 G00 Z0;　　　　　　　　　　　　　　　　　　　（抬刀）

N0200 G40 X－63.8 Y－80.0;　　　　　　　　　　　（返回指定点）

N0210 M98 P31000;　　　　　（调用三次子程序，钻、扩、铰 φ13H7mm 孔）

N0220 M02;　　　　　　　　　　　　　　　　　　　（程序结束）

O1030

N1010 G28 X0 Y0 Z0 M05;　　　　　　　　　　（返回参考点、主轴停）

N1020 G49 M00;　　　　　　　　（程序暂停，手动换刀，设定补偿值）

N1030 G29 X0 Y30.5 S600 M03;　　　　　　　　　　　（孔口定位）

N1040 G43 G00 Z－90.0 H03;　　　　　　　　　（快速移动到初始平面）

N1050 G81 G98 Z－115.0 R－95.0 F200;　　　　　　　（钻孔循环）

N1060 Y－30.5;　　　　　　　　　　　　　　　　　　（钻孔循环）

N1070 X30.5 Y0;　　　　　　　　　　　　　　　　　（钻孔循环）

N1080 X－30.5;　　　　　　　　　　　　　　　　　　（钻孔循环）

N1090 G80 G49 G00 X0 Y0;　　　　　　　　　　　　　（返回起始点）

N1100 Z0;

N1110 M99;　　　　　　　　　　　　　　　　　　　（返回主程序）

习题与思考题

7-1　编制图 7-29 所示工件的数控加工程序。

7-2　编制图 7-30 所示工件的数控加工程序。

7-3　KND200M 机床控制面板控制功能键有哪些？各有什么作用？

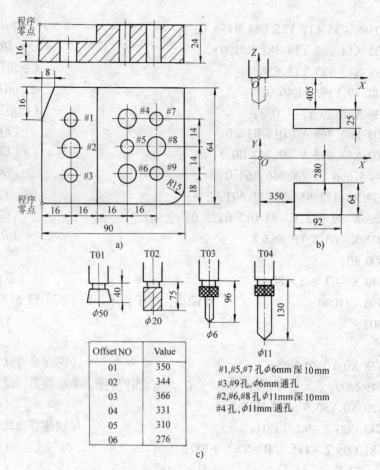

图 7-29 题 7-1 图

a）零件简图 b）零件位置简图 c）刀具简图

Offset NO	Value
01	350
02	344
03	366
04	331
05	310
06	276

#1,#5,#7孔φ6mm深10mm
#3,#9孔,φ6mm通孔
#2,#6,#8孔φ11mm深10mm
#4孔,φ11mm通孔

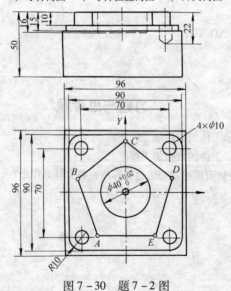

图 7-30 题 7-2 图

第八章 数控机床的使用与维护

数控机床是一种高效机械加工设备，适用于单件、中小批量生产，尤其适用于对形状比较复杂、精度要求较高以及产品更新频繁、生产周期要求短的工件进行加工。但是，数控机床的初期投资、维护及保养等费用较高，对管理及操作人员的素质要求也较高。因此，合理地选择及使用数控机床，加强对数控机床的维护保养，可以降低企业的生产成本，提高企业的经济效益与竞争能力。

由于数控机床具体涉及微电子、计算机、自动控制、自动检测，以及精密机械等方面最新技术成果，而且各类数控机床之间差别较大，因此它们的使用、维护、保养也不尽相同。在此只能从原则上作一简要介绍，具体内容必须参考产品说明书及有关使用、维护等技术资料。

第一节 数控机床的选择

如何从品种繁多、价格昂贵的设备中选择适用的设备，如何使这些设备在机械加工中充分发挥作用，如何正确、合理地选购与主机相配套的附件及软件技术等，是数控机床选用的主要问题。

一、确定典型加工工件

考虑到数控机床品种多，而且每一种机床的性能只适用于一定的使用范围，只有在一定的条件下，对一定的工件进行加工才能达到最佳效果，因此选购数控机床首先必须确定所要加工的典型工件。

在确定典型工件时，应根据基层部门的技术改造或生产发展要求，确定哪些工件的哪些工序准备用数控机床来完成，然后采用成组技术把这些工件进行归类。在归类中往往会遇到工件的规格相差很多，综合加工工时大大超过机床满负荷工时等问题。因此，要作进一步的选择。确定了比较满意的典型工件之后，再来确定适合工件加工的数控机床。如卧式加工中心适用于加工箱体工件，立式加工中心适用于加工板类工件。同类规格的数控机床，一般卧式机床的价格要比立式机床高80%~100%，所需加工费用也高。而卧式加工中心的工艺性比较广泛，据国外资料介绍，在企业车间设备配置中，卧式机床占60%~70%，而立式机床只占30%~40%。

二、数控机床规格的选择

数控机床规格的选择应根据确定的典型工件进行。数控机床的主要规格就是几个数控坐标的行程范围和主轴电动机功率。机床的三个基本直线坐标（X，Y，Z）行程反映该机床允许的加工空间。一般情况下工件的轮廓尺寸应在机床的加工空间范围之内，如典型工件是450mm×300mm×250mm的箱体，那么应选取工作台面尺寸为500mm×500mm的加工中心。选择工作台面比典型工件稍大一些是考虑到安装夹具所需的空间。加工中心的工作台面尺寸和三个直线坐标行程都有一定比例关系，如上述工作台为500mm×500mm的机床，X轴行程一般为 700~800mm，Y 轴为 550~700mm、Z 轴为 500~600mm。因此，工作台面的大小基本上确定了加工空间的大小。

主轴电动机功率反映了数控机床的切削效率，也从一个侧面反映了机床在切削时的刚性。一般加工中心都配置了功率较大的直流或交流调速电动机，可用于高速切削，但在低速切削中转矩受到一定限制，这是调速电动机在低转速时功率输出下降造成的。因此，需要加工大直径或余量很大的工件（如镗削）时，必须对低速转矩进行校核。

可根据确定的典型加工工件的毛坯余量的大小、所要求的切削能力（单位时间金属切除量）、要求达到的加工精度、能配置什么样的刀具等因素综合考虑选择机床。

在选择机床规格时应考虑产品的发展趋势。尺寸大一点，对产品开发的适应能力也强一些。

对少量特殊工件，仅靠三个直线坐标加工的数控机床还不能满足要求，要另外增加回转坐标（A、B、C），或附加坐标（U、V、W）等。这要向机床制造厂特殊订货，目前国产的数控机床和数控系统可以实现五坐标联动。但增加坐标数，机床的成本会相应增加。

三、机床精度的选择

选择机床的精度等级应根据典型工件关键部位加工精度的要求来确定。国产加工中心按精度可分为普通型和精密型两种。加工中心的精度项目很多，主要项目见表 8-1。

表 8-1　数控机床精度主要项目　　　　　　　　　　（单位：mm）

精度项目	普通型	精密型
单轴定位精度	±0.01/300 或全长	0.005
单轴重复定位精度	±0.006	±0.003
铣圆精度	0.03~0.04	0.02

数控机床的其他精度与表 8-1 中所列数据都有一定的对应关系。定位精度和重复定位精度综合反映了该轴各运动元件的综合精度。尤其是重复定位精度，它反映了该控制轴在行程内任意定位点的定位稳定性，是衡量该控制轴能否稳定、可靠工作的基本指标。目前的数控系统软件功能比较丰富，一般都具有控制轴的螺距误差补偿功能和反向间隙补偿功能，能对进给传动链上各环节系统误差进行稳定的补偿。如丝杠的螺距误差和累积误差可以用螺距补偿功能来补偿；进给传动链的反向死区可用反向间隙补偿来消除。但这是一种理想的做法，实际造成反向运动量损失的原因是，存在着驱动元件的反向死区、传动链各环节的间隙、弹性变形和接触刚度等变化因素。其中有些误差是随机误差，它们往往随着工作台的负载大小、移动距离的大小、移动定位的速度改变等反映出不同的损失运动量。这不是一个固定的电气间隙补偿值所能全部补偿的。所以，即使是经过仔细的调整补偿，还是存在单轴定位重复性误差，不可能得到很高的重复定位精度。

铣圆精度是综合评价数控机床有关数控轴的伺服跟随运动特性和数控系统插补功能的指标。由于数控机床具有一些特殊功能，因此在加工中等精度的典型工件时，一些大孔径、圆柱面和大圆弧面可以采用高切削性能的立铣刀铣削。测定每台机床的铣圆精度的方法是用一把精加工立铣刀铣削一个标准圆柱试件。中小型机床圆柱试件的直径一般为 200~300mm。将标准圆柱试件放在圆度仪上，测出加工圆柱的轮廓线，取其最大包络圆和最小包络圆，两者间的半径差即为其精度（一般圆轮廓曲线仅附在每台机床的精度检验单中，而机床样本只给出铣圆精度允差）。

由机床的定位精度可估算出该机床在加工时的有关相应精度。如在单轴上移动加工两孔的孔距精度约为单轴定位精度的 1.5～2 倍（具体误差值与工艺因素密切相关）。因此，普通型加工中心可以批量加工出 8 级精度工件，精密型加工中心可以批量加工出 6～7 级精度工件。这些都是选择数控机床的一些基本参考因素。此外，普通型数控机床进给伺服驱动机构大都采用半闭环方式，对滚珠丝杠受温度变化造成的位置伸长无法检测，因此会影响工件的加工精度。

上面只是分析了数控机床几项主要精度对工件加工精度的影响。要想获得合格的加工工件，选取适用的机床设备只解决了问题的一半，另一半必须采取工艺措施来解决。

四、数控系统的选择

为了能使数控系统与所需机床相匹配，在选择数控系统时应遵循下述基本原则：

（1）根据数控机床类型选择相应的数控系统 对于车、铣、镗、磨、冲压等加工类别，数控系统有一定区别，所以应有针对性地进行选择。

（2）根据数控机床的设计指标选择数控系统 在可供选择的数控系统中，其性能高低差别很大。如日本 FANUC 公司生产的 15 系统的最高切削进给速度可达 240m/min（脉冲当量为 $1\mu m$ 时），而该公司生产的 0 系统的切削进给速度只能达到 24m/min。它们的价格也相差数倍。如果设计的是一般数控机床，采用最高速度 20m/min 的数控系统就可以了。因此，不能片面地追求高水平、新系统，而应对性能、价格等进行综合分析，选用合适的系统。

（3）根据数控机床的性能选择数控系统功能 一个数控系统具有许多功能。有的属于基本功能，即在选定的系统中原已具备的功能；有的属于选择功能，只有做了特殊选择，才能获得。数控系统的一般定价原则是，具备基本功能的系统很便宜，而具备选择功能的却较贵。所以，对选择功能，一定要根据机床性能需要来选择。

（4）订购数控系统时要考虑周全 订购时把需要的系统功能一次订全，不能遗漏，避免由于漏订而造成的损失。

五、工时和节拍的估算

选择机床时必须作可行性分析，一年之内该机床能加工出多少典型工件。对每个典型工件，按照工艺分析可以初步确定一个工艺路线，从中挑出准备在数控机床上加工的工序内容，根据准备给机床配置的刀具情况来确定切削用量，并计算每道工序的切削时间 t_1 及相应辅助时间 t_2（$t_2 \approx （10\%～20\%）t_1$）。中小型加工中心每次的换刀时间约为 10～20s。这时单工序时间为 $t = t_1 + t_2 + （10～20）s$。

按 300 个工作日、两班制、一天有效工作时间 14～15h 计算，就可以算出机床的年生产能力。在算出所占工时和节拍后，考虑设计要求或工序平衡要求，可以重新调整工件在加工中心上的加工工序数量，达到整个加工过程的平衡。对典型工件品种较多、又希望经常开发新工件的，在机床的满负荷工时计算中，必须考虑更换工件品种所需的机床调整时间。作为选机估算，可以根据变换品种多少乘以修正系数。这个修正系数可根据使用者的技术水平高低估算出来。

六、自动换刀装置的选择及刀柄的配置

自动换刀装置（ATC）是加工中心、车削中心和带交换冲头数控冲床的基本特征，尤其是加工中心，它的工作质量直接关系到整机的质量。ATC 装置的投资往往占整机的 30%～

50%。因此，应十分重视 ATC 的工作质量和刀库储存量。ATC 的工作质量主要表现为换刀时间和故障率。

实践证明，加工中心故障中有 50% 以上与 ATC 有关。因此，应在满足使用要求的前提下，尽量选用结构简单和可靠性高的 ATC，这样也可以相应降低整机的价格。

ATC 刀库中储存刀具的数量，由十几把到 40、60、100 把等，一些柔性加工单元（FMC）配置中央刀库后刀具储存量可达近千把。如果选用的加工中心不准备用于柔性加工单元或柔性制造系统（FMS）中，一般刀库容量不宜选得太大。容量大，刀库成本高，结构复杂，故障率也相应增加，刀具的管理也相应复杂化。所以，应根据典型工件的工艺分析算出需用的刀具数，来确定刀库的容量。一般加工中心的刀库只考虑能满足一种工件一次装夹所需的全部刀具（即一个独立的加工程序所需要的全部刀具）。根据国外对用中小型加工中心加工典型工件的工艺分析，认为这类机床刀库储存刀具数应在 4～48 把之间。在立式加工中心上选用 20 把左右刀具容量的刀库，在卧式加工中心上选用 40 把左右刀具容量的刀库。近几年来复合刀具、多轴小动力头等多刀多刃刀具发展很快，合理采用这些刀具无形中增加了刀库的刀具容量。

主机和 ATC 选定后，接下来就要选择所需的刀柄和刀具。加工中心使用专用的工具系统，各国都有相应标准系列。我国由成都工具研究所制订了 TSG 工具系统刀柄标准。

选择刀柄应注意以下几个问题：

1）标准刀柄与机床主轴连接的接合面是 7：24 锥面。刀柄有多种规格，常用的有 ISO 标准的 40 号、45 号、50 号，个别的还有 35 号和 30 号。目前，国内机床上使用的规格较多，而且使用的标准有美国的、德国的、日本的。因此，在选定机床后、选择刀柄之前，必须了解该机床主轴的规格、机械手夹持尺寸及刀柄的拉钉尺寸。

2）在 TSG 工具系统中有相当部分产品是不带刃具的，这些刀柄相当于过渡的连接杆。它们必须再配置相应的刀具（如立铣刀、钻头、镗刀头和丝锥等）和附件（如钻夹头、弹簧卡头和丝锥夹头等）。

3）全套 TSG 系统刀柄有数百种，用户只能根据典型工件工艺所需的工序及其工艺卡片来填制所需工具卡片（举例见表 8-2）。

表 8-2 加工中心用工具卡片

机床型号		JCS-018	工件号	X-0123	程序编号		03210	制表
刀具号 （T）	工步号	刀柄型号	刀具型号		刀具		偏置值 （D·H）	备注
					直径/mm	长度		
T1	1	JT45-M3-60	ϕ29mm 锥柄钻头		ϕ29	实测	H01	
T2	2	JT45-TZC25-135	8×8 镗刀头		ϕ29.8	实测	H02	
T3	3	JT45-TW29-135	镗刀头 TQW2		ϕ30H8	实测	H03	

4）选用模块式刀柄和复合刀柄要综合考虑。选用模块式刀柄，必须按一个小的工具系统来考虑才有意义。与非模块式刀柄比较，使用单个普通刀柄肯定是不合理的。例如，工艺要求镗削 ϕ60mm 的孔，购买一根普通的镗刀杆需 400 元左右；而采用模块式刀柄则必须买一根刀柄、一根接杆和一个镗刀头，按现有价格就需 1000 元左右。但是，如果机床刀库的容量是 30 把刀，需要配置 100 套普通刀柄，而采用模块式刀柄，只需要配置 30 根刀柄、

50~60 根接杆。70~80 个刀头就能满足需要。从价格上来看，相差不多，但采用模块式刀柄具有更大灵活性。可是，对一些长期反复使用，不需要拼装的简单刀柄，如钻夹头刀柄等，还是配置普通刀柄较合理。对一些批量较大，年产几千件到上万件，又反复生产的典型工件，应尽可能考虑选用复合刀具。尽管复合刀柄价格要贵得多，但在加工中心上采用复合刀具加工，可把多道工序并成一道工序，由一把刀具完成，大大减少了机加工时间。加工一批工件只要能减少几十小时工时，就可以考虑采用复合刀具。一般数控机床的主轴电动机功率较大，机床刚度较好，能够承受多刀多刃强力切削，采用复合刀具可以充分发挥数控机床的切削功能，提高生产率和缩短生产节拍。

5）选用刀具预调仪。为了提高数控机床开动率，加工前刀具的准备工作尽量不要占用机床工时。测定刀具径向尺寸和轴向尺寸的工作应预先在刀具预调仪上完成，即把占用几十万元一台数控机床的工作转到占用几万元一台的刀具预调仪上完成。测量装置有光学编码器、光栅或感应同步器等。径向检测精度为 ±0.005mm，轴向为 ±0.01mm 左右。目前正在发展带计算机管理的预调仪。对刀具预调仪的对刀精度的要求必须与刀具系统综合加工精度全面考虑。因为预调仪上测得的刀具尺寸是在光屏投影下或接触测量下，没有承受切削力的静态的结果，如果测定的是镗刀精度，并不意味加工出的孔能达到此精度。目前，用国产刀柄加工出的孔径往往比预调仪上测出尺寸小 0.01~0.02mm。如在实际加工中要控制0.01mm 左右孔径公差，还需通过试切削现场修调刀具，因此对刀具预调仪的精度不要追求过高。为了提高预调仪的利用率，最好是一台预调仪为多台机床服务，将其作为数控机床技术准备中的一个重要环节。此外，也可以装备一些简易工具、装卸器等来实现现场快速调整测量、装卸刀柄和刃具。

七、数控机床驱动电动机的选择

机床的驱动电动机包括进给伺服电动机和主轴电动机两大类。机床制造厂和用户在选购电动机时，往往担心机床的切削力不够，选择较大规格的电动机。这不但会增加机床的成本，而且使其体积增大，结构布局不紧凑。因此，一定要通过认真分析计算，选用合适的电动机。

1. 进给驱动伺服电动机的选择

原则上应根据负载条件来选择伺服电动机。加在电动机轴上的负载有两种，即阻尼转矩和惯量负载。对这两种负载都要正确地计算，其值应满足下述条件：①当机床作空载运行时，在整个速度范围内加在伺服电动机轴上的负载转矩应在电动机连续额定转矩范围以内，即应在转矩—速度特性曲线的连续工作区内；②最大负载转矩、加载周期及过载时间都应在提供的特性曲线的允许范围以内；③电动机在加速或减速过程中的转矩应在加减速区（或间断工作区）之内；④对要求频繁起、制动及周期性变化的负载，必须检查它在一个周期中的转矩均方根值，并应小于电动机的连续额定转矩；⑤加在电动机轴上的负载惯量大小对电动机的灵敏度和整个伺服系统精度将产生影响。通常，当负载惯量 J_1 小于电动机转子惯量 J_M 时，上述影响不大，但当负载惯量达到甚至超过转子惯量的 3 倍时，会使灵敏度和响应时间受到很大影响，甚至会使伺服放大器不能在正常调节范围内工作。一般要求

$$1 \leqslant \frac{J_1}{J_M} < 3$$

2. 主轴电动机的选择

主轴电动机的选择原则是：①所选择的电动机应能满足机床设计的切削功率的要求；②根据要求的主轴加减速时间计算出的电动机功率不应超过电动机的最大输出功率；③在要求主轴频繁起、制动的场合、必须计算出平均功率，其值不能超过电动机连续额定输出功率；④在要求有恒表面速度控制的场合，恒表面速度控制所需的切削功率和加速所需功率之和应在电动机能够提供的功率范围之内。

八、机床选择功能及附件的选择

在选购数控机床时，除了认真考虑它应具备的基本功能及基本件以外，还应根据实际需要，选用一些选择件、选择功能及附件。选择的基本原则是：全面配置、长远综合考虑。对一些价格增加不多，会给使用带来很多方便的选择件及选择功能，应尽可能配置齐全，附件也应配置成套，保证机床到厂后能立即投入使用。对于一个企业选用的机床，数控系统不宜太多太杂，否则会给维护修理带来极大困难。对可以多台机床合用的附件（如数控系统输入输出装置等），只要接口通用，应多台机床合用，这样可减少投资。

第二节 数控机床的安装、调试与验收

一、数控机床的安装和调试

数控机床的安装与调试工作是指用户将数控机床安装到工作现场，直至能正常工作的这一阶段所做的工作。

对于小型数控机床，它的安装与调试工作比较简单。它和一些机电一体化的小型机床一样，到安装场地后不要组装连接。由于它的整体刚性很好，对机床地基没有什么特殊要求，一般只要通上电源、调整床身水平就可投入使用。对于大中型数控机床，由于机床制造厂发货时将数控机床分解成几个部分，需要进行重新组装和调试，工作比较复杂。

现以大中型数控机床为例，介绍数控机床的安装与调试过程。

1. 机床初就位和连接

在机床到达之前应按机床制造厂提供的机床基础图做好机床基础，在安装地脚螺栓的部位做好预留孔。数控机床运到后，按开箱手续开箱并把机床部件运至安装场地。按说明书把组成机床的各大部件分别在地基上就位。就位时，垫铁、调整垫块和地脚螺栓等相应对号入座。然后把机床各部件组装成整机。组装时要使用原来的定位销、定位块和定位元件，使安装位置恢复到机床拆卸前的状态，以利于机床的调试。部件组装完成后进行电缆、油管和气管的连接。

在这一阶段要注意的事项有：①机床拆箱后首先找到随机的文件资料，找出机床装箱单，按照装箱单清点各包装箱内零部件、电缆、资料等是否齐全；②机床各部件组装前，首先要去除安装连接面、导轨和各运动面上的防锈涂料，做好各部件外表面清洁工作；③连接时要特别注意清洁工作和可靠的接触及密封，并检查有无松动和损坏。

2. 数控系统的连接和调整

（1）数控系统的开箱检查 无论是单独购入的数控系统还是与机床配套购入的数控系统，到货开箱后都应进行仔细检查。检查包括系统本体和与之配套的进给速度控制单元和伺服电动机、主轴控制单元和主轴电动机。检查它们的包装是否完整无损，实物和订单是否相符。此外，还应检查数控柜内各插接件有无松动，接触是否良好。

（2）外部电缆的连接　外部电缆连接是指数控装置与外部 MDI/CRT 单元、强电柜、机床操作面板、进给伺服电动机动力线与反馈线、主轴电动机动力线与反馈线的连接及与手摇脉冲发生器等的连接。应使这些连接符合随机提供的连接手册的规定。最后还应进行地线连接。地线要采用一点接地型，即辐射式接地法，如图 8-1 所示。

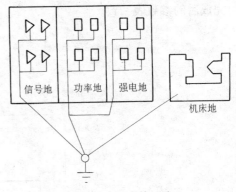

图 8-1　一点接地法

这种接地法要求将数控柜中的信号地、强电地、机床地等连接到公共接地点上。而且，数控柜与强电柜之间应有足够粗的保护接地电缆（如截面积为 5.5～14mm² 的接地电缆）。公共接地点必须与大地接触良好，一般要求地电阻小于 4～7Ω。

（3）数控系统电源线的连接　应在切断数控柜电源开关的情况下连接数控柜电源变压器一次侧的输入电缆，检查电源变压器和伺服变压器的绕组抽头连接是否正确。进口的数控系统或数控机床更应仔细检查，因为有些国家的电源电压等级与我国不一致。

（4）设定的确认　数控系统内的印制电路板上有许多用跨接线短路的设定点，需要对其适当设定，以适应各种型号机床的不同要求。一般来说，购入的数控机床整机，这项设定已由机床制造厂完成，只需确认一下即可。但对于单独购入的数控装置，则必须根据需要自行设定。

（5）输入电源电压、频率及相序的确认　①检查确认变压器的容量是否满足控制单元和伺服系统的电能消耗。②检查电源电压波动范围是否在数控系统的允许范围之内，一般日本的数控系统允许在电压额定值的 110%～85% 范围内波动，而欧美的一些系统要求较高一些，否则需要外加交流稳压器。③对于采用晶闸管控制元件的速度控制单元和主轴控制单元的供电电源，一定要检查相序。相序检查方法有两种：一种是用相序表测量，当相序接法正确时，相序表按顺时针方向旋转，如图 8-2a 所示；另一种是用双线示波器来观察两相之间的波形，如图 8-2b 所示，两相波形在相位上相差 120°。

（6）确认直流电源单元的电压输出端是否对地短路　各种数控系统内部都有直流稳压电源单元，为系统提供所需的 +5V、±15V、+24V 等直流电压。因此，在系统通电前，应检查这些电源的负载是否有对地短路现象。这可用万用表来确认。

（7）接通数控柜电源，检查各输出电压　在接通电源之前，为了确保安全，可先将电动机动力线断开。这样，在系统工作时不会引起机床运动。但是，应根据维修说明书的介绍对速度控制单元作一些必要的设定，不致因断开电动机动力线而报警。

接通电源之后，首先检查数控柜中各个风扇是否旋转，以确认电源是否已接通。检查各印制电路板上的电压是否正常，各种直流电压是否在允许的波动范围之内。一般来说，对 +5V 电源要求较高，波动范围为 ±5%，因为它给逻辑电路供电。

（8）确认数控系统各种参数的设定　设定系统参数（包括 PLC 参数等）的目的，是当数控装置与机床相连接时，机床具有最佳的工作性能。即使是同一种数控系统，其参数设定也随机床而异。随机附带的参数表是机床的重要技术资料，应妥善保存。

显示参数的方法，随各类数控系统而异，大多数可通过按压 MDI/CRT 单元上的

"PARAM"（参数）键来显示已存入系统存储器的参数。显示的参数内容应与机床安装调试完成后的参数表一致。

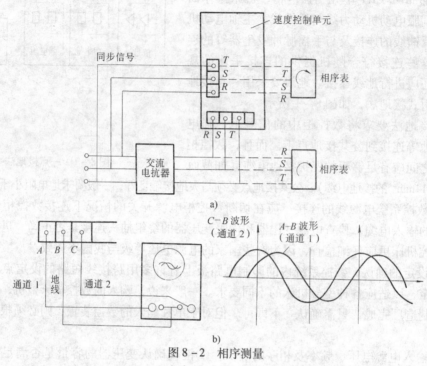

图 8 - 2　相序测量
a）相序表法　b）示波器法

如果所用的进给和主轴控制单元是数字式的，那么它的设定也都是用数字设定参数，而不是用短路棒。此时，须根据随机所带的说明书，一一予以确认。

（9）确认数控系统与机床的接口　现代数控系统一般都具有自诊断功能。在 CRT 画面上可以显示出数控系统与机床接口以及数控系统内部的状态。有可编程序控制器（PLC）时，可以反映出从 NC 到 PLC、从 PLC 到 MT（机床）以及从 MT 到 PLC、从 PLC 到 NC 的各种信号状态。至于各个信号的含义及相互逻辑关系，随 PLC 的梯形图（即顺序程序）而异。可根据机床厂提供的梯形图说明书（内含诊断地址表），通过自诊断画面确认数控系统与机床之间的接口信号状态是否正确。

完成上述步骤，可以认为数控系统已经调整完毕，具备了与机床联机通电试车的条件。此时，可切断数控系统的电源，连接电动机的动力线，恢复报警设定。

3. 通电试车

按机床说明书要求给机床润滑油箱、润滑点注入规定的油液和油脂，清洗液压油箱及过滤器，注入规定标号的液压油。

机床通电操作可以是全面供电，或各部件分别供电、再总供电试验。分别供电比较安全，但时间较长。通电后首先观察有无报警故障，然后用手动方式陆续起动各部件。检查安全装置是否起作用，能否正常工作，能否达到额定的工作指标。根据机床说明书粗略检查机床主要部件及其功能是否正常、齐全，使机床各环节都能运动起来。

然后，调整机床的床身水平，粗调机床的主要几何精度，再调整重新组装的主要运动部件与主机的相对位置，如机械手、刀库与主机换刀位置的校正，APC 托盘站与机床工作台交换位置的找正等。这些工作完成后，就可以用快干水泥灌注主机和各附件的地脚螺栓，将各个预留孔灌平。等水泥完全固干以后，就可进行下一步工作。

4. 机床精度和功能的调试

在已经固化的地基上用地脚螺栓和垫铁精调机床床身水平，找正水平后移动床身上的各运动部件（立柱、溜板和工作台等），观察各坐标全行程内机床的水平变化情况，并相应调整机床几何精度使之在允差范围之内。使用的检测工具有精密水平仪、标准方尺、平尺、平行光管等。调整时，以调整垫铁为主，必要时可稍微改变导轨上的镶条和预紧滚轮等。一般来说，只要机床质量稳定，通过上述调试可将机床调整到出厂精度。

让机床自动运动到刀具交换位置（可用 G28 Y0 Z0 等程序），用手动方式调整装刀机械手和卸刀机械手相对主轴的位置。在调整中采用一个校对心棒进行检测，有误差时可调整机械手的行程，移动机械手支座和刀库位置等，必要时还可以修改换刀位置点的设定（改变数控系统内的参数设定）。调整完毕后紧固各调整螺钉及刀库地脚螺栓，然后装上几把接近规定的刀柄，进行多次从刀库到主轴的往复自动交换，要求动作准确无误，不撞击，不掉刀。

带 APC 交换工作台的机床要把工作台运动到交换位置，调整托盘站与交换台面的相对位置，使工作台自动交换时动作平稳、可靠、正确。然后在工作台面上加上70% ~80%的允许负载，进行多次自动交换动作，正确无误后再紧固各有关螺钉。

仔细检查数控系统和 PLC 装置中参数设定值是否符合随机资料中规定的数据，然后试验各主要操作功能、安全措施、常用指令执行情况等。例如，各种运行方式（手动、点动、MDI、自动方式等），主轴挂挡指令，各级转速指令等是否正确无误。

在机床调整过程中，一般要修改和机械有关的 NC 参数，例如各轴的原点位置、换刀位置、工作台相对主轴位置、托盘交换位置等。此外，还要修改和机床部件相关位置有关的参数，如刀库刀盒坐标位置等。修改后的参数应在验收后记录或存储在介质上。

检查辅助功能及附件的正常工作。例如检查机床的照明灯、冷却防护罩和各种护板是否完整；给切削液箱中注满切削液，试验喷管能否正常喷出切削液；在使用冷却防护罩条件下切削液是否外漏；排屑器能否正确工作；机床主轴箱的恒温油箱能否起作用等。

5. 试运行

数控机床安装调试完毕后，要求整机在带一定负载条件下经过一段较长时间的自动运行，以便较全面地检查机床功能及工作可靠性。运行时间尚无统一的规定，一般采用每天运行 8h，连续运行2 ~3 天，或24h 连续运行1 ~2 天。这个过程称作安装后的试运行。试运行中采用的程序叫考核程序，可以直接采用机床厂调试时用的考机程序，也可自行编制一个。考核程序中应包括：主要数控系统的功能使用，自动更换取用刀库中三分之二的刀具，主轴的最高、最低及常用的转速，快速和常用的进给速度，工作台面的自动交换，主要 M 指令的使用等。试运行时机床刀库上应插满刀柄，取用刀柄质量应接近规定质量，交换工作台面上也应加上负载。在试运行时间内，除操作失误引起的故障以外，不允许机床出现故障，否则表明机床的安装调试存在问题。

二、数控机床的验收

数控机床的验收分两大类：一类是对于新型数控机床样机的验收，它由国家指定的机床检测中心进行；另一类是一般的数控机床用户验收其购置的数控设备。

对于一般用户，其验收工作主要是根据机床出厂检验合格证上规定的验收条件及实际能提供的检测手段部分或全部测定机床合格证上的各项技术指标。如果各项数据都符合要求，则应将此数据列入该设备进厂的原始技术档案中，作为日后维修的技术指标依据。

数控机床验收一般需要完成五个方面的工作：机床外观检查、机床性能和数控功能试验、机床几何精度检查、机床定位精度检查及机床切削精度检查。

1. 机床外观检查

机床外观一般可按照通用机床有关标准检查，但数控机床是价格昂贵的高技术设备，对外观的要求更高。对各级防护罩，油漆质量，机床照明，切屑处理，电线及气、油管走线固定防护等都有进一步要求。

在对数控机床作详细检查验收以前，还应对数控柜的外观进行检查验收。

（1）外表检查　观察数控柜中的 MDI/CRT 单元、位置显示单元、直流稳压单元、各印制电路板（包括伺服单元）等是否有破损、污染现象，连接电缆捆绑处是否破损，若是屏蔽线还应检查屏蔽层是否有剥落现象。

（2）数控柜内部件紧固情况检查　①螺钉紧固检查。检查输入变压器、伺服用电源变压器、输入单元、电源单元和纸带阅读机等有接线端子处的螺钉是否都已拧紧；凡是需要盖罩的接线端子座（该处电压较高）是否都有盖罩。②连接器紧固检查。数控柜内所有连接器、扁平电缆插座等都应有紧固螺钉紧固，以保证连接牢固、接触良好。③印制电路板的紧固检查。在数控柜的结构布局方面，有的是笼式结构，一块块印制电路板都插在笼子里，有的是主从结构式，即一块大板（也称主板）上插了若干块小板（附加选择板）。但无论是哪种形式，都应检查固定印制电路板的紧固螺钉是否拧紧（包括大板和小板之间的联接螺钉）。还应检查印制电路板上各个 EPROM 和 RAM 片等是否插到位。

（3）伺服电动机的外表检查　特别是对带有脉冲编码器的伺服电动机的外壳应作认真检查，尤其是后端盖处，如发现有磕碰现象，应将电动机后盖打开，取下脉冲编码器外壳，检查光码盘是否碎裂。

2. 机床性能及 NC 功能试验

数控机床性能试验一般有十几项内容。现以立式加工中心为例介绍一些主要项目。

（1）主轴系统性能　①用手动方式选择高、中、低三个主轴转速，连续进行 5 次正转和反转的起动和停止动作，试验主轴动作的灵活性和可靠性。②用数据输入方式，使主轴从最低一级转速开始运转，逐级提到允许的最高转速，实测各级转速数（允差为设定值的±10%），同时观察机床的振动。主轴在长时间高速运转（一般为 2h）后允许温升为 15℃。③主轴准停装置连续操作 5 次，试验动作的可靠性和灵活性；④对于带主轴编码器的系统，应检查主轴能否在任意选择的角度上定位。带 ATC 的数控机床，还需检查换刀时主轴定位点的设定是否准确。

（2）进给系统性能　①分别对各坐标进行手动操作，试验正、反方向的低、中、高速进给和快速移动的起动、停止、点动等动作的平稳性和可靠性。②用数据输入方式或 MDI方式测定 G00 和 G01 下的各种进给速度，允差为 ±5%。

（3）自动换刀系统　①检查自动换刀的可靠性和灵活性。②测定自动交换刀具的时间。③检查换刀过程中出现意外停机（如停电、应急或机械卡死）后，能使换刀过程恢复继续执行或复位后重新执行的能力（包括刀具数据的恢复）。

（4）机床噪声　机床空运转时的总噪声不得超过标准规定（80dB）。

（5）电气装置　在运转试验前后分别作一次绝缘检查，检查接地线质量，确认绝缘的可靠性。

（6）数字控制装置　检查数控柜的各种指示灯、纸带阅读机、操作面板、电气柜冷却风扇等是否正常可靠。

（7）安全装置　检查操作者的安全性和机床保护功能的可靠性。

（8）润滑装置　检查定时定量润滑装置的可靠性，检查润滑油路有无渗漏等。

（9）气、液装置　检查压缩空气和液压油路的密封、调压功能及液压油箱的正常工作情况。

（10）附属装置　检查机床各附属装置机能的工作可靠性。

（11）数控机能　按照该机床配备数控系统的说明书，用手动或自动的方法，检查数控系统主要的使用功能，如定位、直线插补、圆弧插补、暂停、自动加减速，坐标选择、平面选择、刀具位置补偿、刀具直线补偿、拐角功能选择、固定循环、行程停止、选择停机、程序结束、冷却的起动和停止、单程序段、原点偏置、跳读程序段、程序暂停、进给速度超调、进给保持、紧急停止、程序号显示及检索、位置显示、镜像功能、螺距误差补偿、间隙补偿以及用户宏程序等机能的准确及可靠性。检查数控系统提供的诊断功能和报警功能。

（12）连续无载荷运转　连续无载荷运转是综合检查整台机床自动实现各种功能可靠性的最好办法。一般数控机床在出厂以前都经过80h自动连续运行，用户验收时不一定再经过长时间的运转，但进行一次8～16h的自动连续运行还是必要的。在连续运行中必须事先编制一个功能比较齐全的程序。

3. 机床几何精度检查

数控机床的几何精度是综合反映该设备的关键机械零部件组装后的几何形状误差。数控机床的几何精度检查和普通机床的几何精度检查基本类似，使用的检测工具和方法也很相似，但是检测要求更高。普通立式加工中心的几何精度检测内容有：①工作台面的平面度；②各坐标方向移动的相互垂直度；③X坐标方向移动时工作台面的平行度；④Y坐标方向移动时工作台面的平行度；⑤X坐标方向移动时工作台面T形槽侧面的平行度；⑥主轴的轴向窜动；⑦主轴孔的径向跳动；⑧主轴箱沿Z坐标方向移动时主轴轴心线的平行度；⑨主轴回转轴心线对工作台面的垂直度；⑩主轴箱在Z坐标方向移动的直线度。

目前，国内检测机床几何精度的常用检测工具有：精密水平仪、直角尺、精密方箱、平尺、平行光管、千分表或测微仪、高精度主轴心棒及一些刚性较好的千分表杆等。每项几何精度的具体检测办法见各机床的检测条件规定。但检测工具的精度等级必须比所测的几何精度要高一个等级，例如用平尺来检验X轴方向移动时工作台面的平行度，要求允差为0.025mm/750mm，则平尺本身的直线度及上下基面平行度应在0.01mm/750mm以内。

每种数控机床的检测项目也略有区别，如卧式机床比立式机床要求多几项与平面转台有关的几何精度。

4. 机床定位精度检查

数控机床的定位精度有其特殊意义。它表明所测量的机床各运动部件在数控装置控制下运动所能达到的精度。因此，根据实测的定位精度数值，可以判断出这台机床能达到的加工精度。

定位精度的主要检查内容有：直线运动定位精度（包括 X、Y、Z、U、V、W 轴）、直线运动重复定位精度、直线运动的原点返回精度、直线运动失动量的测定、回转运动定位精度（转台 A、B、C 轴）、回转运动的重复定位精度、回转轴原点的返回精度及回轴运动失动量测定等。

测量直线运动的检测工具有：测微仪和成组块规、标准长度刻线尺、光学读数显微镜及双频激光干涉仪等。标准长度测量以双频激光干涉仪为准。回转运动检测工具有：360 齿精确分度的标准转台或角度多面体、高精度圆光栅及平行光管等。

（1）直线运动定位精度检测 直线运动定位精度检测一般都在机床和工作台空载条件下进行。常用检测方法如图 8-3 所示。

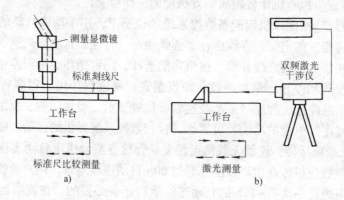

图 8-3 直线运动定位精度检测

按照国家标准和 ISO 标准，对数控机床的检测应以激光测量（见图 8-3b）为准。但目前在国内激光测量仪较少的情况下，大部分数控机床生产厂的出厂检测及用户验收检测还是采用标准尺进行比较测量（见图 8-3a）。这种检测方法的检测精度与检测技巧有关，较好的情况下可控制到 0.004～0.005mm/1000mm，而用激光测量，测量精度可较标准尺检测方法提高一倍。

为了反映多次定位中的全部误差，ISO 标准规定每个定位点按五次测量数据算出平均值和散差 $\pm 3\sigma$。所以这时的定位精度曲线已不是一条曲线，而是一个由各定位点平均值连贯起来的一条曲线加上 $\pm 3\sigma$ 散差带构成的定位点散差带，如图 8-4 所示。

目前，多数数控系统可对定位精度进行补偿，沿轴向对若干点的位置坐标值进行修正。但在某点上的修正

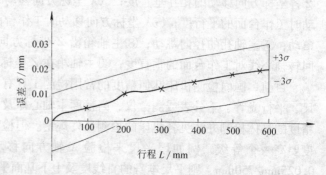

图 8-4 定位精度曲线

值不能过大，最多可修正的点数由系统决定。另外，只有在重复精度高的情况下才有可能。一般在定位精度验收时，发现不合格定位点，可作上述补偿，反复修正和检查，直到合格。

测定的定位精度曲线还与环境温度和轴的工作状态有关。目前大部分数控机床都是半闭

环的伺服系统，不能补偿滚珠丝杠的热伸长。该热伸长能使定位精度在1mm行程上相差0.01～0.02mm。为此，有些机床采用预拉伸丝杠的方法来减小热伸长的影响。

（2）直线运动重复定位精度的检测　检测仪器与检测定位精度所用的相同。一般检测方法是在靠近各坐标行程中点及两端的任意三个位置进行测量，每个位置用快速移动定位，在相同条件下重复作七次定位，测出停止位置数值并求出读数最大差值。以三个位置中最大一个差值的二分之一，附上正负符号，作为该坐标的重复定位精度。它是反映轴运动精度稳定性的最基本的指标。

（3）直线运动的原点返回精度　原点返回精度，实质上是该坐标轴上一个特殊点的重复定位精度，因此它的测定方法完全与重复定位精度相同。

（4）直线运动失动量的测定　失动量的测定方法是在所测量坐标轴的行程内，预先向正向或反向移动一个距离并以此停止位置为基准，再在同一方向给予一定移动指令值，使之移动一段距离，然后再向相反方向移动相同的距离，测量停止位置与基准位置之差（见图8-5）。在靠近行程的中点及两端的三个位置分别进行多次测定（一般为7次），求出各个位置上的平均值，以所得平均值中的最大值为失动量测量值。

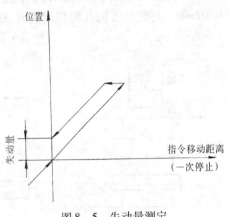

图8-5　失动量测定

坐标轴的失动量是该坐标轴进给传动链上驱动部件（如伺服电动机、伺服液压马达及步进电动机等）的反向死区、各机械运动传动副的反向间隙和弹性变形等误差的综合反映。此误差越大则定位精度和重复定位精度越差。

（5）回转轴运动精度的测定　回转运动各项精度的测定方法与上述各项直线运动精度的测定方法相同，但用于检测回转精度的仪器是标准转台、平行光管（准直仪）等。考虑到实际使用要求，一般对0°、90°、180°、270°等几个直角等分点作重点测量，要求这些点的精度较其他角度位置提高一个等级。

5. 机床切削精度检查

机床切削精度检查是对机床的几何精度和定位精度在切削加工条件下的一项综合考核。进行切削精度检查的加工，可以是单项加工或加工一个标准的综合性试件。国内多以单项加工为主。对于加工中心，主要单项精度包括：镗孔精度、端面铣刀铣削平面的精度（$X-Y$平面）、镗孔的孔距精度和孔径分散度、直线铣削精度、斜线铣削精度及圆弧铣削精度等；对于卧式机床还包括箱体掉头镗孔同心度及水平转台回转90°铣四方加工精度等。

对有特殊要求的高效机床，还要做单位时间金属切削量的试验等。切削加工试件材料除特殊要求外，一般都为一级铸铁，使用硬质合金刀具按标准的切削用量切削。

镗孔精度试验如图8-6a所示。这项精度与切削时使用的切削用量、刀具材料、切削刀具几何角度等有一定关系。主要是考核机床主轴的运动精度及低速走刀时的平稳性。在现代数控机床中，主轴都装配有高精度带预负荷的成组滚动轴承，进给伺服系统采用摩擦因数小、灵敏度高的导轨副及高灵敏度的驱动部件，所以这项精度一般都不成问题。

图8-6b所示为用精调过的多齿端面铣刀精铣平面的方向。端面铣刀铣削平面精度主要

反映 X 轴和 Y 轴两轴运动的平面度及主轴中心线对 X - Y 运动平面的垂直度（直接在阶梯上表现）。一般精度数控机床的平面度和阶梯差在 0.01mm 左右。

镗孔的孔距精度和孔径分散度检查如图 8 - 6c 所示。以快速度移动定位精镗四个孔，测量各孔位置的 X 坐标和 Y 坐标的坐标值，以实测值和指令值之差的最大值作为孔距精度测量值。对角线方向的孔距可由各坐标方向的坐标值经计算求得，或各孔插入配合紧密的检验心轴后用千分尺测量对角线距离求得。而孔径分散度则由在同一深度上测量各孔 X 坐标方向和 Y 坐标方向的直径的最大差值求得。一般数控机床 X、Y 坐标方向的孔距精度为 0.02mm，对角线方向孔距精度为 0.03mm，孔径分散度为 0.015mm。

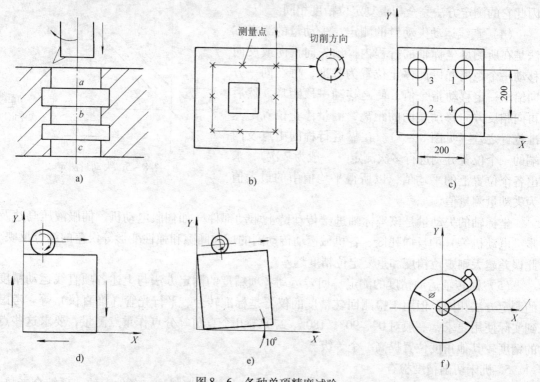

图 8 - 6　各种单项精度试验

直线铣削精度的检查是用立铣刀侧刃精铣图 8 - 6d 所示工件周边，测量对边平行度、邻边垂直度和对边距离尺寸差。这项精度主要考核机床各个方向导轨运动的几何精度。

斜线铣削精度检查是用立铣刀侧刃精铣图 8 - 6e 所示的工件周边，它是通过同时控制 X、Y 两坐标来实现的，所以该精度可以反映两轴直线插补运动的特性。

圆弧铣削精度检测是用立铣刀侧刃精铣图 8 - 6f 所示外圆表面，在圆度仪上测出曲线圆度。一般加工中心类机床铣削 $\phi 200 \sim \phi 300$mm 工件时，圆度可达到 0.03mm 左右。

现有机床的切削精度、几何精度及定位精度允差没有完全封闭，即要保证切削精度，必须要求机床定位精度和几何精度的实际值要比允差小（约为允差的 1/2～1/3）。图 8 - 7 所示是以数控铣床为例，综合检查机床切削精度的试件。

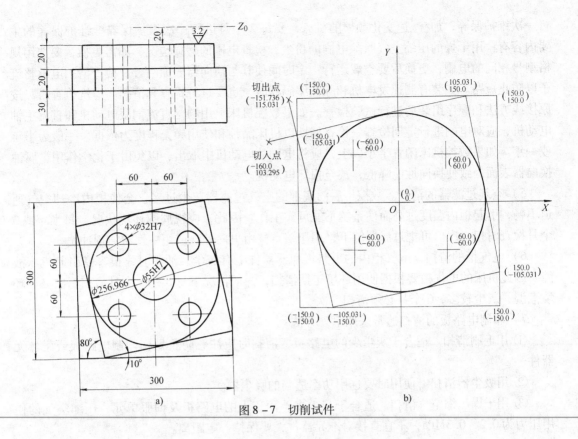

图 8 – 7　切削试件

第三节　数控机床的维护与保养

　　数控机床是一种自动化程度高、结构复杂且又昂贵的先进加工设备。为了延长数控机床各元器件的寿命和正常机械磨损周期，防止意外恶性事故的发生，使机床能在较长时间内正常工作，充分发挥其效益，必须做好日常维护与保养工作。主要的维护与保养工作有下列内容：

　　1）选择合适的使用环境。数控机床的使用环境（如温度、湿度、振动、电源电压、频率及干扰等）会直接影响数控机床的正常运转，因此在安装数控机床时应严格保证机床说明书规定的安装条件和要求。在经济条件许可的情况下，应将数控机床与普通机械加工设备隔离安装，以便于数控机床的保养与维修。

　　2）应为数控机床配备数控系统编程、操作和维修的专门人员。这些人员应熟悉所用数控机床的机械、数控系统、强电设备、液压、气压等部分及使用环境、加工条件等，并能按机床和系统使用说明书的要求正确使用数控机床。

　　3）纸带阅读装置的定期维护。20世纪90年代初期的数控机床，大多采用纸带作为数据载体。加工程序的输入需要使用纸带阅读装置，如果阅读装置的阅读带部分有污物会使读入信息出现错误，所以操作人员应每天对阅读头表面、纸带板及纸带通道表面进行检查，用酒精纱布擦掉污物。对阅读装置的主动轮滚轴、导向滚轴、压紧滚轴等每周应定时清洗，对导向滚轴、张紧臂滚轴应每半年加注一次润滑油。

　　4）伺服电动机的保养。数控车床、加工中心等机床的伺服电动机，要每10～12个月进行一次维护保养；加/减速变化频繁的机床，要每 2 个月进行一次维护保养。维护保养的主要内容有：用干燥的压缩空气吹除电刷的粉尘；检查电刷的磨损情况，如需更换，要选用规格型号相同的电刷，更换后要空载运行一定时间使其与换向器表面吻合；检查清扫电枢整流子以防止短路。如装有测速发电机和脉冲编码器时，也要进行检查和清扫。清洗检查后，按原接线方法和顺序组装后进行试验检查。如果数控机床上用的是直流伺服电动机和直流主轴电动机，应对电刷进行定期检查。检查周期以机床品种和使用频繁程度为依据，一般为半年或一年。如果数控机床闲置半年以上，应将电刷从电动机中取出，以免由于化学作用，腐蚀换向器表面，致使换向性能降低，甚至损坏电动机。

5）空气过滤器的清扫。数控柜后门底部的空气过滤器灰尘过多，会使柜内冷却空气通道不畅，引起柜内温度过高而使系统不能可靠工作。因此，应视周围环境状况，每半年或 3 个月检查清扫一次。可把过滤器卸下，用压缩空气由里向外吹或用中性清洁剂冲洗。

6）电气柜的清扫。电气柜内的电路板和元器件上有灰尘、油污时，很容易引起机床故障。因此机床的电气柜要根据使用环境定期清扫，一般情况下每 8 ~ 12 个月清扫一次。如环境潮湿、灰尘较多，6 个月必须清扫一次。

7）印制电路板的清扫通常采用下列方法：

① 用毛刷清扫。适合于灰尘少的电路板，清扫时应注意防止划伤印制电路板或碰坏元器件。

② 用吸尘器清扫。使用时要选用功率适当的吸尘器。

③ 用干燥压缩空气清扫。适合于灰尘多、面积大的电路板及伺服单元，压缩空气的使用压力为 0.2 ~ 0.3MPa，不宜直接对准元器件，要保持一定距离。

8）机床电缆线的检查。主要检查电缆线的移动接头、拐弯处是否出现接触不良、断线或短路等故障。

9）有些数控系统的参数存储器是采用 CMOS 元件，其存储内容在断电时靠电池供电保持。一般一年应更换一次电池，并且一定要在数控系统通电状态下进行，否则可能会使存储参数丢失，数控系统不能工作。

10）长期不用数控机床的保养。数控机床闲置不用时，应经常给数控系统通电，在机床锁住情况下，使其空运行。在空气湿度较大的梅雨季节应该天天通电，利用电器元件本身发热驱散数控柜内的潮气，以保证电子部件的性能稳定可靠。

如果数控机床闲置半年以上不用，应将直流伺服电动机的电刷取下来，以免由于化学作用使换向器表面腐蚀，换向性能变坏，甚至损坏整台电动机。

11）对于已购置的备板，要定期装到系统上通电运行，以防损坏。

习题与思考题

8 - 1 选择数控机床应考虑哪些问题？
8 - 2 数控机床安装调试包含哪些过程？
8 - 3 普通立式加工中心的几何精度检测内容是什么？
8 - 4 定位精度主要检测的内容是什么？
8 - 5 数控机床的维护保养包括哪些方面？

参 考 文 献

[1] 李善术. 数控机床及其应用 [M]. 北京：机械工业出版社，1996.

[2] 吴祖育，秦鹏飞. 数控机床 [M]. 3 版. 上海：上海科学技术出版社，2000.

[3] 北京第一机床职工技术协会. 数控机床及加工中心的编程与操作 [M]. 北京：机械工业出版社，
     2000.

[4] 汤伟文. 数控机床编程与操作，数控铣床：加工中心分册 [M]. 北京：中国劳动社会保障出版社，
     2000.

[5] 许祥泰，刘艳芳. 数控加工编程实用技术 [M]. 北京：机械工业出版社，2001.

[6] 戴曙. 金属切削机床 [M]. 北京：机械工业出版社，1999.

[7] 秦立高. 机床维修手册 [M]. 北京：国防工业出版社，1997.

[8] 王永章. 机床的数字控制技术 [M]. 哈尔滨：哈尔滨工业大学出版社，1995.

[9] 冯辛安. 机械制造装备设计 [M]. 北京：机械工业出版社，1999.

[10] 顾京. 数控机床加工程序编制 [M]. 北京：机械工业出版社，1997.

[11] 严爱珍. 机床数控原理与系统 [M]. 北京：机械工业出版社，1999.

[12] 曹凤. 微机数控技术及其应用 [M]. 成都：电子科技大学出版社，2000.

[13] 全国数控培训网络天津分中心. 数控编程 [M]. 北京：机械工业出版社，1997.

[14] 全国数控培训网络天津分中心. 数控机床 [M]. 北京：机械工业出版社，1997.

[15] 林其骏. 数控技术与应用 [M]. 北京：机械工业出版社，1995.

[16] 李佳. 数控机床及应用 [M]. 北京：清华大学出版社，2001.